AF476337

EXTRAIT

DU

BULLETIN

DE LA

SOCIÉTÉ BELGE DE GÉOLOGIE

DE PALÉONTOLOGIE ET D'HYDROLOGIE

(**Bruxelles**)

Tome XVI — 1902

COMPTE RENDU

DES

EXCURSIONS DE LA SESSION EXTRAORDINAIRE

DE LA

SOCIÉTÉ BELGE DE GÉOLOGIE, DE PALÉONTOLOGIE ET D'HYDROLOGIE

dans les Départements français de la Marne et de l'Aisne (du 8 au 15 août 1901).

PAR

MM. T. COOREMAN ET G. DOLLFUS

BRUXELLES

HAYEZ, IMPRIMEUR DE L'ACADÉMIE ROYALE DE BELGIQUE

112, rue de Louvain, 112

Février 1903.

EXTRAIT
DU
BULLETIN DE LA SOCIÉTÉ BELGE DE GÉOLOGIE
DE PALÉONTOLOGIE ET D'HYDROLOGIE
Tome XVI. — Année 1902. — Mémoires, pp. 209-283.

COMPTE RENDU
DES
EXCURSIONS DE LA SESSION EXTRAORDINAIRE
DE LA
Société belge de Géologie, d'Hydrologie et de Paléontologie
DANS
LES DÉPARTEMENTS FRANÇAIS DE LA MARNE ET DE L'AISNE
(du 8 au 15 août 1901)

PAR

MM. T. COOREMAN ET G. DOLLFUS (1)

PLANCHE XI (2).

Notre Société a tenu cette année, du 8 au 15 août, sa session extraordinaire en France, sur le bord Nord du bassin de Paris, de La Fère à Laon et Reims, sous la direction de notre éminent confrère, M. *J. Gosselet,* professeur à l'Université de Lille.

Ont pris part à l'excursion : MM. *T. Cooreman; J. Cornet; E. Derennes; L. Dolé; G. Dollfus; Gaillot; P. Godbille; J. Gosselet; A. Le Riche; E. Meunier; M. Mourlon; G. Ramond; A. Rutot* et *E. Van den Broeck.*

PREMIÈRE JOURNÉE. — JEUDI 8 AOÛT 1901.

Partis le matin de Bruxelles-Midi par le train de 8 h. 57, nous nous trouvons réunis, à Maubeuge, à la plus grande partie de nos confrères français.

(1) Rédigé, d'après les notes prises au cours de l'excursion, par M. *T. Cooreman,* Secrétaire de la session, avec le concours de plusieurs des excursionnistes, notamment de M. *G. Dollfus,* Président de la Session.

(2) La planche jointe au compte rendu est constituée par une *carte topographique,* à l'échelle du 200 000e, fournissant le tracé des itinéraires et l'indication des points étudiés, fournies par le numérotage des horizons stratigraphiques représentés.

La réunion opérée, nous prenons le train pour Fresnoy-le-Grand, et, en passant par Busigny, M. *Gosselet* nous fait remarquer que les hauteurs de la région sont formées de sables landeniens recouverts de $0^{m},40$ d'une roche calcareuse à *Nummulites lævigata.*

Carrières de phosphate de chaux d'Étaves.

En sortant de la gare de Fresnoy-le-Grand, vers 15 heures, nous nous trouvons sur la surface de la craie dont, comme le fait observer M. *Gosselet*, les points culminants sont couverts de sables landeniens.

M. Rutot signale l'analogie existant entre le paysage et celui de la Hesbaye et de la région s'étendant, à l'Est de Mons, entre Saint-Symphorien et Binche, où le sol crayeux, ondulé, partout cultivé, montre des plaines immenses où les villages sont très clairsemés.

A l'intersection des routes de Guise et d'Étaves s'ouvre, près d'une ferme, une excavation d'une dizaine de mètres de profondeur, où l'on exploite, comme pierre à chaux, une craie blanche, un peu marneuse, sans silex, dans laquelle on a recueilli *Micraster cortestudinarium.*

MM. J. Cornet et A. Rutot retrouvent, dans l'aspect de cette craie et dans certains détails, tels que la présence de nodules de pyrite décomposée, les caractères de la Craie de Saint-Vaast du Hainaut, largement exploitée dans la vallée de la Haine et qui est le représentant à facies crayeux des argiles et des sables d'Aix-la-Chapelle.

On sait que la Craie de Saint-Vaast constitue, en Belgique, le terme le plus inférieur du Sénonien.

En traversant le village d'Étaves, qui est situé sur le point le plus élevé de la colline, M. Gosselet nous fait remarquer que les habitations sont groupées sur le sommet, alors que les versants sont exclusivement réservés à la culture.

Le fait s'explique par la présence, au sommet de la colline, d'un lambeau d'Éocène inférieur correspondant à notre Landenien inférieur. Cette couche éocène est constituée, vers le haut, par du sable et, vers le bas, par une argile imperméable, de sorte qu'une nappe aquifère, aisément accessible, existe dans la partie sableuse.

Au contraire, la craie blanche, fissurée, affleure partout sur les versants, et l'eau qui s'y infiltre établit son niveau trop bas pour qu'elle soit facilement accessible, ce qui explique le choix de l'emplacement du village.

L'agglomération traversée, nous nous dirigeons immédiatement vers les exploitations de phosphate de chaux.

Nous pénétrons d'abord dans l'exploitation de M. Pages, où M. Gosselet nous donne toutes les explications nécessaires pour nous permettre de comprendre l'étrange coupe qui s'offrait à nos yeux.

Voici la coupe telle que l'a notée l'un de nous (M. A. Rutot) :

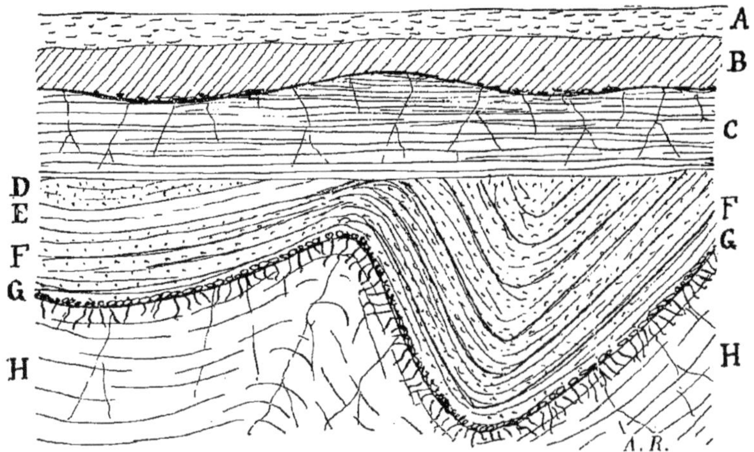

Fig. 1. — Coupe de l'exploitation de phosphate de chaux de M. Pages, a Étaves.

A. Limon de lavage avec nombreux éclats de silex épars. 1m,00

B. Limon brun, stratifié, pur, paraissant représenter le limon hesbayen des géologues belges. Faible cailloutis à la base. 1m,00

C. Craie blanche, à *Belemnitella quadrata*, horizontale, renfermant quelques petits amas de grains bruns phosphatés 4m,00

D. Lit brun, phosphaté, incliné. 1m,00

E. Lit crayeux avec peu de phosphate 0m,50

F. Masse de la craie phosphatée, brune, plissée, ainsi qu'on peut le voir sur la figure . . . . de 4 à 20 m.

G. Lit de galets de craie durcie, phosphatés, base de la craie phosphatée . . 0m,20

H. Craie blanche, non phosphatée, sans silex, dont la partie supérieure, immédiatement située sous le conglomérat *G*, est traversée d'une infinité de grosses tubulations ou perforations attribuables à des Annélides littorales.

Abstraction faite de la présence du phosphate de chaux et du plissement des couches, MM. J. Cornet et Rutot reconnaissent une coupe souvent visible dans la vallée de la Haine, depuis Saint-Vaast, en passant par les environs de Mons (Cuesmes, Givry, etc.) jusqu'à Élouges.

Dans cette région, de nombreuses et profondes excavations pour fours à chaux montrent une superposition absolument semblable, par conglomérat de fragments de craie durcie et perforations, de la Craie de Trivières à *Belemnitella mucronata* et à *B. quadrata* sur la Craie de Saint-Vaast.

La Craie de Trivières est, comme on le sait, le représentant crayeux du facies hervien (sable et argile glauconifère) qui s'étend dans la province de Liége.

Mais il existe ici une différence considérable de composition et d'aspect, à cause de la présence du phosphate de chaux en grains qui, en Belgique, n'existe avec autant d'intensité qu'au niveau supérieur de la Craie de Spiennes et à cause du plissement que M. Gosselet considère, avec raison, comme d'origine tectonique.

Ce sont là des plis en tout semblables à ceux que l'on rencontrerait dans les terrains primaires.

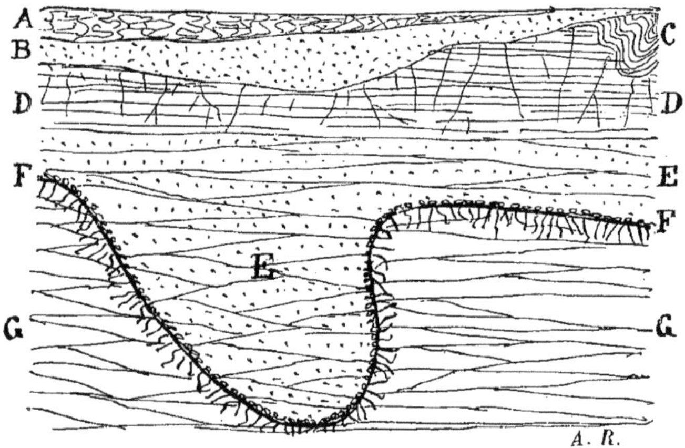

Fig. 2. — Coupe de l'exploitation de phosphate de chaux de M. Deplaquet, a Étaves.

A. Argile à silex, verte, remaniée par le Quaternaire.
B. Argile glauconisée, sableuse, concrétionnée. Landenien inférieur des géologues belges.
C. Poche d'argile d'altération de la craie blanche.
D. Craie blanche à *Belemnitella quadrata*, horizontale.
E. Craie brune, phosphatée, exploitée, ne paraissant pas suivre le plissement de la craie (1).
F. Conglomérat, base de la craie phosphatée, formé de galets de craie durcie.
G. Craie blanche inférieure, perforée à la partie supérieure.

(1) Cet avis n'est pas celui de MM. J. Gosselet, Dollfus, Cornet, ni d'autres excursionnistes.

Cet avis, non unanime, est partagé par la majorité des membres présents.

De l'exploitation de M. Pages, nous sommes passés dans celle appartenant à M. Deplaquet.

Les plissements de la craie y existent aussi, d'une manière plus intense même que dans l'exploitation précédente.

M. A. Rutot a noté, dans l'exploitation Deplaquet, la coupe reproduite ci-contre (p. 212) d'après ses indications.

Sauf les quelques détails du sommet, qui nous montrent une superposition directe du Landenien inférieur, identique à celui de Belgique, sur la craie à *Belemnitella quadrata*, la coupe est la même qu'à l'exploitation vue précédemment; mais ici l'une des parois du pli a dépassé la verticale et a produit une sorte de renversement des couches.

M. Gosselet croit le plissement à peu près immédiatement postérieur au dépôt des couches de craie phosphatée; il aurait pris fin avant la fin du dépôt total de la Craie à Belemnitelles.

Sans pouvoir faire d'objection sérieuse à cette manière de voir, M. Rutot se demande si, lors du refoulement, il n'y a pas eu détachement horizontal et plissement de la masse inférieure seule, la masse supérieure restant rigide et horizontale.

Le fait du non-plissement de toute la masse de la craie jette encore une certaine obscurité sur la manière dont le phénomène s'est produit.

Ces constatations faites, les excursionnistes ont rejoint la gare de Fresnoy-le-Grand à travers bois et y ont pris le train qui les a conduits à Chauny, premier centre d'observations relatif à l'étude de l'Éocène de la bordure Nord du Bassin de Paris.

Le soir, après installation et souper à l'*Hôtel du Pot d'étain*, les membres présents se sont réunis en séance.

Séance du soir, a Chauny.

MM. *Leriche* et *Cooreman* sont présentés comme membres effectifs, le premier par MM. *Gosselet* et *Van den Broeck*, et le second par MM. *Mourlon* et *Van den Broeck*.

Acceptés.

On procède à l'élection du Bureau de la session.

M. *Gosselet* ayant bien voulu diriger les excursions, M. *Dollfus* accepte à son tour la présidence, qui lui est offerte à l'unanimité des membres présents.

Les fonctions de Secrétaire et de Trésorier sont dévolues à M. l'ingénieur *T. Cooreman*, du Service géologique de Belgique.

M. *Gosselet*, ayant été convié à prendre la parole, fait la communication suivante :

Exposé sommaire de la structure géologique du Nord du bassin de Paris, par J. Gosselet.

Depuis quelques années, j'engageais la Société belge de Géologie à consacrer une de ses grandes excursions à l'étude des terrains tertiaires du Nord du bassin de Paris. J'espérais que cette excursion pourrait faire faire un grand pas à la comparaison du Tertiaire belge avec le Tertiaire parisien, comparaison qui présente encore quelques difficultés et qui a déjà soulevé bien des discussions.

Généralement, et avec raison, on prend comme type du bassin de Paris les environs plus ou moins immédiats de la capitale. Ces terrains, scrutés par les éminents géologues français depuis un siècle, sont connus dans leurs moindres détails. Il y a bien peu de géologues étrangers qui, étant venus en France, ne les aient pas visités. La plupart des géologues belges ici présents les connaissent, mais ils hésitent certainement quand ils veulent les identifier aux couches de Belgique.

Il était naturel de penser qu'à mesure qu'on s'éloignerait de Paris vers le Nord, on pourrait découvrir plus d'analogie avec les dépôts de Belgique. C'est cette pensée qui m'a fait étudier avec soin les couches tertiaires des environs de Laon et de Noyon. Elle m'a aussi inspiré l'idée de vous convier à venir les voir.

Nous allons les parcourir pendant quelques jours. Il est donc inutile de les décrire d'avance. Il suffira, je crois, pour répondre au désir exprimé par notre Président, de vous rappeler dans un court aperçu les principales divisions stratigraphiques admises en France.

La couche tertiaire la plus ancienne que nous aurons à étudier est le *tufeau de La Fère*, qui ressemble par son aspect comme par ses fossiles au tufeau de Lincent. A La Fère, il passe au sable ; à Laon, il est très argileux ; à Reims, il est à l'état de sable avec bancs de grès subordonnés ; ailleurs, c'est du sable pur. Il est difficile de le séparer des couches suivantes.

Les *sables de Bracheux* sont des sables gris, blancs ou verdâtres, dont l'aspect est assez variable. Ils sont généralement sans fossiles ; cependant nous en trouverons à Chalons-sur-Vesles, près de Reims. Ils contiennent des grès blancs qui renferment parfois des empreintes végétales. Comme variété particulière de ces sables, on peut citer les *sables blancs de Rilly*, que nous apercevrons à Berru.

La partie supérieure des sables de Bracheux alterne souvent avec des bancs d'argile ligniteuse, passant ainsi à l'assise suivante. On y trouve quelquefois des cailloux roulés. Nous verrons à Monceau-les-Loups un de ces amas de galets.

Le tufeau et les sables de Bracheux appartiennent certainement au Landenien belge.

L'assise qui les surmonte dans le Nord du bassin de Paris est l'*argile à lignites*. C'est une assise très complexe, composée d'argile, de sable, de grès et de lits coquilliers, ou faluns. Ce qui la caractérise essentiellement, ce sont des bancs de lignite pyriteux qui, sous le nom de cendres, ont été exploités pour la fabrication de l'alun et pour l'agriculture.

Les fossiles y sont très abondants : *Ostrea bellovacensis* (1), *Cyrena cuneiformis*, *Melania inquinata*, *Cerithium variabile*, etc.

Cette assise manque complètement ou presque complètement à Laon; elle est très réduite dans tout le voisinage de cette ville.

A Sinceny, près de Chauny, on trouve entre l'argile à lignites et les sables de Bracheux une marne blanche d'aspect crayeux, qui a été exploitée pour faire de la chaux. Elle paraît avoir une origine d'eau douce. Il existe, du reste, des bancs de calcaire d'eau douce bien caractérisés dans l'argile à lignites; mais, d'une manière générale, cette assise est plutôt saumâtre et estuarienne. Toutefois, à Sinceny même, il y a, dans l'argile à lignites, un banc rempli de fossiles marins qui ont été recueillis et parfaitement déterminés par l'abbé Lambert et par Hébert. C'est une faune intermédiaire entre celle de Bracheux et celle de Cuise.

A Cernay lez-Reims, on trouve également, entre l'argile à lignites et les sables de Bracheux, des sables à gros grains, constituant une sorte de conglomérat. C'est le niveau des mammifères découverts par le Dr Lemoine.

La position de l'argile à lignites par rapport à la série belge est sujette à discussion. Dumont en faisait du Landenien; je crois qu'elle représente l'argile d'Orchies, c'est-à-dire la base de l'argile ypresienne, mais je lui trouve, avec les sables de Bracheux, des attaches plus prononcées qu'avec l'assise supérieure.

(1) C'est à M. Cossmann qu'est due la rectification de terminologie de cette espèce, qui, dans les listes, portait jusqu'ici le nom de *Ostrea bellovacina*.

Celle-ci est constituée par les *sables de Cuise*. Ce sont des sables fins, doux au toucher, tout à fait semblables aux sables de Mons-en-Pevèle ou sables ypresiens de Belgique. Ils contiennent aussi la même faune, en particulier *N. planulata*. Nous y récolterons des fossiles dans les tranchées de Saint-Gobain, mais nous nous y arrêterons peu, car leur concordance avec les sables ypresiens supérieurs est hors de doute.

A la partie supérieure de cette assise, il y a une couche de sable glauconifère et d'argile grise ou verte. En raison de sa position et de sa couleur, je l'ai assimilée au Paniselien de Belgique. Comme les géologues parisiens ne lui avaient donné aucun nom, j'ai continué à l'appeler argile paniselienne, sans me faire aucune illusion sur l'opportunité de cette dénomination. Nos collègues de Paris en proposeront certainement une autre, quand ils se seront rendus compte de l'importance de cette couche. Je dis importance, non pas au point de vue géologique, mais sous le rapport hydrographique, car cette couche argileuse imperméable donne naissance à une nappe aquifère et à de nombreuses sources.

Vient ensuite une série de couches calcaires que les géologues français ont réuni sous le nom de *Calcaire grossier*. On peut y distinguer un certain nombre d'assises qui sont, à partir du bas :

1° Calcaire sableux à *Nummulites lævigata* et *Lamarcki*.
2° Calcaire à *Nummulites lævigata* (pierre à liards).
3° Calcaire à *Ditrupa strangulata*.
4° Calcaire à *Cerithium giganteum*.
5° Calcaire à *Orbitolites complanata*.
6° Calcaire à Cérithes (*Cerithium denticulatum*, etc.).
7° Argile de Saint-Gobain.

La première assise, caractérisée par la coexistence, en quantité considérable, de *N. lævigata* et de *N. Lamarcki*, a une composition lithologique un peu variable. Le plus ordinairement, c'est un calcaire meuble avec gros grains de quartz et de glauconie; mais le calcaire peut y manquer presque complètement, de sorte que l'assise est à l'état de sable à gros grains. A sa base, il y a un gravier rempli de dents de Squales, que Hébert a signalé depuis longtemps.

La seconde assise est caractérisée par l'abondance extrême des Nummulites (*N. lævigata*), qui constituent plus des trois quarts de la roche. En certains points, elle est à l'état meuble, et c'est un véritable gravier de Nummulites. Les ouvriers connaissent cette assise sous le nom de « pierre à liards ».

L'analogie de ces deux assises inférieures du calcaire grossier avec le Bruxellien est, je crois, hors de doute.

L'assise à *Ditrupa strangulata* comprend quelques bancs calcaires remplis de tubes du fossile précité; *Echinolampas grignonensis* y est fréquent. On doit la rapporter au Laekenien. On exploite ce calcaire dans un grand nombre de carrières des environs de Saint-Gobain.

Le calcaire à *Cerithium giganteum* est très remarquable dans le Nord du bassin de Paris. Il contient de nombreux fossiles, mais qui sont toujours à l'état de moules. Il forme le ciel des carrières du calcaire à ditrupes; on pourrait à la rigueur le considérer comme la base de l'assise suivante, car on y trouve déjà fréquemment les Orbitolites. Si j'en parle comme d'une assise spéciale, c'est que l'abondance des moules de *Cerithium giganteum*, connus dans le pays sous le nom de vérins, en fait un excellent repère.

L'assise à *Orbitolites complanata* est plus épaisse que les précédentes. Elle est caractérisée, outre le fossile précité, par l'abondance de Miliolites. C'est la *lambourde* des carriers parisiens. Les fossiles y sont nombreux. A sa partie supérieure, on trouve assez fréquemment *Cardium aviculare*.

Les deux assises à *Cerithium giganteum* et à *Orbitolites complanata* représentent le Ledien.

A partir de ce niveau, la série française ne se compare plus que difficilement à la série belge.

Le Calcaire à Cérithes est très réduit dans le Nord du bassin de Paris; il n'est souvent représenté que par un banc de 40 à 50 centimètres. Nous le verrons mieux développé à Paissy, et surtout à Pargnan. Il est caractérisé par l'abondance des Cérithes; aussi le considère-t-on comme s'étant déposé dans un bassin saumâtre. A Pragnan, il contient un lit d'eau douce et des lignites.

L'argile de Saint-Gobain est plastique, grise ou verte. Elle est rarement visible, quoiqu'elle affleure dans un grand nombre de points de la forêt de Saint-Gobain, où elle se signale par la nature essentiellement mauvaise des chemins qui la traversent. Elle a jusqu'à 15 mètres d'épaisseur. A sa partie supérieure, il y a des plaquettes siliceuses qu'il est impossible de voir en place. Dans ma carte géologique de la feuille de Laon, j'ai assimilé l'argile de Saint-Gobain aux caillasses des environs de Paris.

Le rapport de ces deux dernières assises avec la série belge est difficile à indiquer. Longtemps, je l'ai laissé problématique; puis, considérant, d'une part, que le Wemmelien paraît succéder régulièrement au Ledien, d'autre part, la ressemblance — ressemblance qui ne prouve rien, du reste — entre l'argile de Saint-Gobain et l'argile de la Gendarmerie à Cassel, j'ai proposé de paralléliser ces deux argiles et, par suite, le Calcaire à Cérithes au Wemmelien.

Sur l'argile de Saint-Gobain, on rencontre, dans le Nord du bassin de Paris, le sable de Beauchamp. Il se trouve sur le sommet des collines les plus élevées, mais il a souvent été enlevé par ravinement et lixiviation. On ne voit plus à la surface du sol que les matériaux lourds, grès et galets, qui l'accompagnaient. Dans quelques points, à Saint-Gobain, à Commenchon, etc., l'abondance des galets est considérable et le grès est transformé en poudingue.

Je crois, comme Hébert, que le sable de Beauchamp n'est pas représenté en Belgique, par conséquent qu'il y a, en Belgique, une lacune entre l'Asschien et le Tongrien.

M. *G. Ramond* demande sur quoi repose l'identification des sables avec galets, supérieurs à l'argile de Saint-Gobain, avec les sables de Beauchamp.

M. *Gosselet* répond qu'il a suivi cette formation depuis la vallée du Thérain, où ces sables sont fossilifères.

M. *Van den Broeck* demande si l'on a constaté que les phénomènes tectoniques ayant plissé la craie ont affecté toute la série tertiaire.

M. *G. Dollfus* dit que, dans l'Ouest, ces mouvements sont constatés; il dit aussi que le bassin de Paris a subi un vrai mouvement de bascule; qu'il s'est rempli par le Nord et vidé par le Sud; c'est ainsi que plus on va vers le Sud, plus les terrains affleurants sont récents.

M. *Van den Broeck* demande encore si l'établissement du synchronisme à grandes distances, à l'aide de fossiles, a une valeur absolument péremptoire.

M. *G. Dollfus* répond que les espèces de mollusques atlantiques américaines, actuellement vivantes, tout en étant de même genre que les formes du littoral atlantique européen, en diffèrent cependant par certains détails et sont spécifiquement séparables.

Cette situation est fort ancienne; dès l'Éocène, la faune atlantique des États-Unis a évolué parallèlement à la faune européenne; à l'Oligocène et pendant le Miocène, on trouve de part et d'autre des caractères correspondants, corrélatifs, sans trouver cependant aucune espèce présentant une identité absolue. Ces analogies très curieuses, indiquées déjà par M. Angelo Heilprin, seront mises en lumière quelque jour prochain plus complètement, il faut l'espérer.

M. *Rutot* fait toutes ses réserves au sujet du synchronisme proposé par M. *Gosselet* pour les couches de l'Éocène supérieur. Il n'exposera pas immédiatement sa manière de voir; elle pourra être indiquée avec plus d'opportunité au cours de l'excursion.

Deuxième journée. — Vendredi 9 aout 1901.

Partis en voiture dès 7 heures du matin et après avoir passé le canal de Crozat, puis l'Oise, ainsi que le passage à niveau du chemin de fer de Chauny à Saint-Gobain et de la route vers Sinceny, M. *Gosselet* nous fait mettre pied à terre pour observer quelques excavations envahies par les eaux, indiquant la présence d'anciennes exploitations d'argile plastique, appartenant à la base des Lignites du Soissonnais.

L'exploitation de cette argile plastique et la fabrication de la poterie à Sinceny, sont depuis longtemps abandonnées.

Escarpement de Sinceny.

Nous dirigeant au Nord de la route, nous gagnons, à travers la prairie, un chemin de terre à côté duquel on ne tarde pas à constater la présence d'une carrière abandonnée, d'où l'on a tiré un sable blanc très pur.

Ce sable est surmonté de 6 à 7 mètres de marne blanche grumeleuse, tendre, à aspect crayeux, pénétrée et entremêlée de sable vert.

M. *Gosselet* place la couche sableuse dans le Landenien.

Quant à la Marne, qui est au-dessus, elle a été identifiée, par M. *Hébert*, au calcaire de Rilly.

Cette marne est représentée à Noyon par du calcaire compact, qui a été utilisé pour la construction.

Remontant dans le village et après être allé jusqu'au fond d'un verger, nous nous trouvons devant les sables de Sinceny, connus par leurs magnifiques fossiles et par les travaux de l'abbé *Lambert*, de M. *Hébert* et de M. *G. Dollfus*.

Nous nous trouvons ici au-dessus, en escarpement, de l'argile grumeleuse, blanche, vue précédemment et dont MM. *Rutot* et *Van den Broeck* reconnaissent l'analogie avec certains facies, peu développés, du Landenien supérieur de Belgique.

La coupe que nous avons sous les yeux a été décrite par M. *Leriche* (*Annales de la Société géologique du Nord*, t. XXVIII, 1889); elle donne bien la succession des couches observées.

Nous la reproduisons ci-après :

1. Terre végétale.	
2. Argile à *Ostrea bellovacensis* et *O. sparnacensis*.	0m,40
3. Sable en lits irréguliers avec galets	1m,00
4. Falun coquillier	0m,80
5. Sable coquillier, vert jaunâtre; les fossiles sont lités . .	0m,50
6. Falun grossier	0m,70
7. Sable fin, blanc jaunâtre, sans fossiles.	0m,40
8. Falun, base invisible	0m,60

M. G. *Ramond* y signale les espèces suivantes comme les plus abondantes :

Cyrena tellinella.
Cyrena cuneiformis.
Pectunculus terebratularis.
Ostrea angusta (O. sparnacensis).
Melania inquinata.
Melanopsis ancillaroides.
Potamides funatus.
Lampania turbinoides.
Fusus latus.

M. G. Dollfus communique la coupe générale ci-contre, résumant les observations de la matinée. (Fig. 5.)

En regagnant la route par le verger, M. *Gosselet* nous montre la place où il a pu observer *Ostrea bellovacensis* dans un déblai fait pour la plantation d'un arbre. (Couche 2 de la coupe de M. Leriche.)

Tranchée du chemin de fer de Saint-Gobain.

Remontant en voiture et passant par le Rond-d'Orléans (altitude, 67 mètres), nous arrivons au chemin de fer de Saint-Gobain, dont nous parcourons toute la tranchée jusqu'à la gare de Saint-Gobain. Nous nous engageons sur la voie à hauteur des étangs du ponceau Robert.

On y observe, sur une grande longueur, les sables de Cuise sur une épaisseur d'une vingtaine de mètres.

Ce sont des sables gris, fins, glauconifères, assez régulièrement

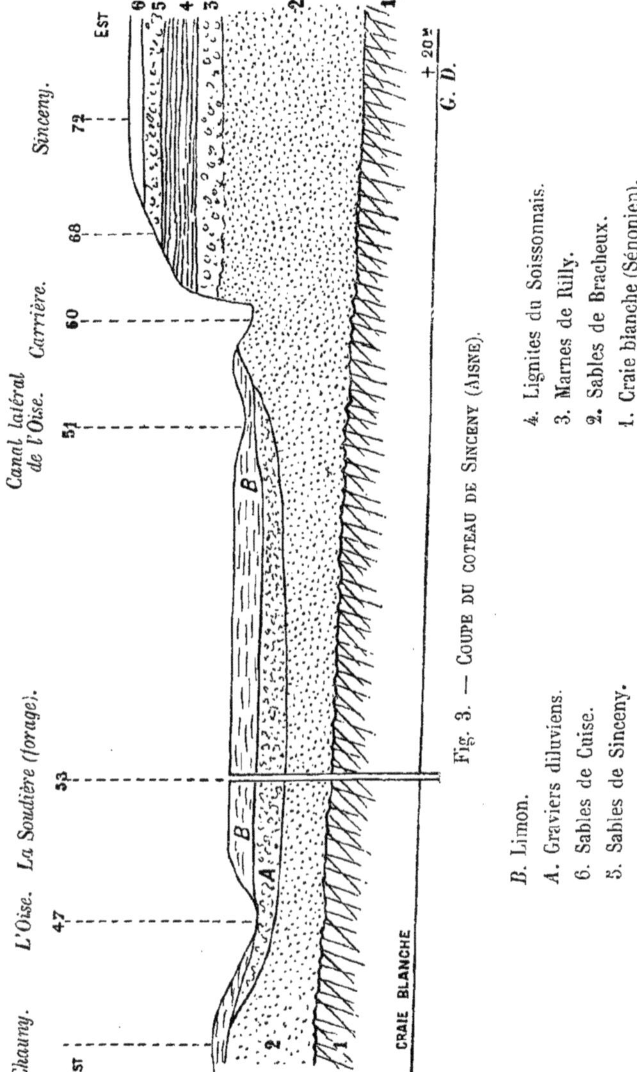

Fig. 3. — Coupe du coteau de Sinceny (Aisne).

B. Limon.
A. Graviers diluviens.
6. Sables de Cuise.
5. Sables de Sinceny.
4. Lignites du Soissonnais.
3. Marnes de Rilly.
2. Sables de Bracheux.
1. Craie blanche (Sénonien).

stratifiés, avec nombreux lits riches en fossiles, d'une belle conservation.

M. *Leriche* y signale les espèces suivantes :

Voluta angusta.	*Cardium porulosum.*
Fusus longævus.	*Crassatella Thallavignesi.*
Turritella edita.	*Crassatella salsensis.*
Turritella hybrida.	*Crassatella plumbea.*
Homalaxis laudunensis.	*Cardita (Venericardia) planicosta.*
Solarium suessoniense.	*Cardita imbricata.*
Natica Stoppanii.	*Nucula fragilis.*
Natica sinuosa.	*Pectunculus polymorphus.*
Neritina (Velates) Schmideliana.	*Nummulites planulata.*

Plus loin, la voie montant toujours vers Saint-Gobain, les sables de Cuise, sans fossiles apparents, sont surmontés de l'argile que M. *Gosselet* assimile au Paniselien de Belgique (altitude, 150 mètres). Cette argile est verdâtre, plastique et rappelle bien, suivant M. *Rutot*, l'argile glauconifère (*P1c*) de la légende de la Carte géologique de Belgique. L'assimilation lui semble parfaitement correcte.

En un point, dans une tranchée élevée, dirigée sensiblement Nord-Est-Sud-Ouest, on observe le contact du Calcaire grossier sur l'argile rapportée au Paniselien; cette argile est épaisse de 2 à 3 mètres (1).

A la base du Calcaire grossier, caractérisé par la présence de gros grains de quartz, se trouve une couche de 5 à 6 mètres, pétrie de

(1) M. *Rutot* croit utile de rappeler que le Paniselien de Belgique est un étage complexe, dont l'épaisseur peut atteindre 30 à 40 mètres. L'étage est formé de deux assises marines dont l'inférieure commence soit par un lit de sable graveleux (*P1a*), soit plus souvent par une couche d'argile grise plastique, sans glauconie, dont l'origine poldérienne semble évidente (*P1m*).

Au-dessus de l'argile viennent des alternances de sable glauconifère et d'argile grise (*P1b*) passant, vers le haut, à l'argile glauconifère, parfois durcie en grès tendres, souvent très fossilifères (*P1c*). Au-dessus de l'argile *P1c* viennent des sables fins, glauconifères, avec des lits de plaquettes de grès dur, avec coquilles marines et fragments de bois silicifiés (*P1d*). Parfois le sable *P1d* est surmonté d'une couche d'argile grise poldérienne *P1n*

Dans le Nord des deux Flandres, entre Gand et Bruges, se développe l'assise supérieure, constituée par un sable plus ou moins argileux, glauconifère, parfois noir et tourbeux vers le haut, vert et pétri de fossiles vers le bas. C'est là que se rencontre le banc de *Cardita planicosta* et, au sommet, le lit à Turritelles, surmonté d'un grès tendre, souvent pétri de fossiles.

L'assise inférieure occupe une étendue beaucoup plus grande que celle couverte par l'assise supérieure.

Nummulites lævigata, var., et de *Nummulites Lamarcki*, couche dite Calcaire grossier à deux Nummulites.

Immédiatement au-dessus s'observe une couche d'environ 2 mètres de calcaire à *Nummulites lævigata*, connu sous le nom de « pierre à liards ». Les Nummulites, pressées les unes contre les autres, s'y présentent par millions.

A celle-ci succède le Calcaire à *Ditrupa strangulata*.

La voie continuant à s'élever près de la gare de Saint-Gobain, elle arrive au niveau du Calcaire à deux Nummulites, qui forment des deux côtés de la voie un escarpement abrupt, montrant le Calcaire à deux Nummulites surmonté de la « pierre à liards », très bien caractérisée.

Au commencement de la gare, le rail arrive au niveau de la « pierre à liards », dont les Nummulites se détachent facilement; dans le fond de la gare, la « pierre à liards » est surmontée d'un banc de 2 mètres à *Ditrupa strangulata*.

M. *G. Dollfus* nous fournit le graphique de la coupe, que nous reproduisons ci-après :

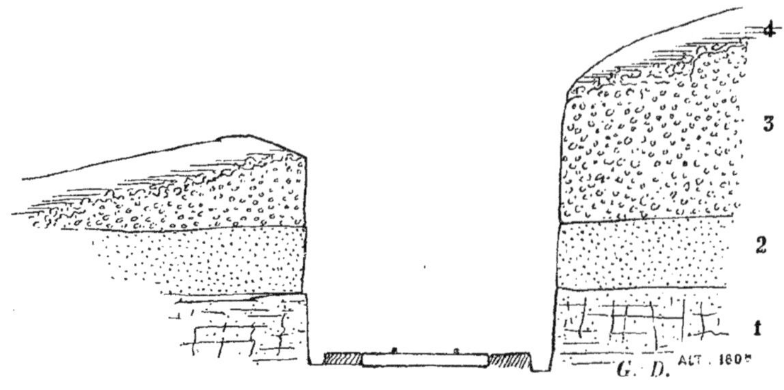

Fig. 4. — Tranchée près la gare de Saint-Gobain.

4. Débris de la couche à *Ditrupa strangulata*.
3. Banc massif de *Nummulites lævigata* 4m,00
2. Calcaire sableux à *N. lævigata* et *N. Lamarcki* 1m,80
1. Calcaire à grains de quartz et à Nummulites 2m,00

Nous sortons de la gare et nous allons déjeuner à l'*Hôtel du Point du Jour*, que nous quittons bientôt pour nous engager dans la forêt.

Affleurements de la forêt de Saint-Gobain.

Dans le chemin dirigé au Sud, nous voyons du sable recouvrant une argile grise, plastique, que M. Gosselet appelle « argile de Saint-Gobain ».

D'après M. *Gosselet*, ce sable constitue la base des sables de Beauchamp.

Puis, à travers la futaie et par un ravin sauvage et fort pittoresque, nous gagnons une carrière souterraine ouverte au niveau de la couche à *Cerithium giganteum* dite « banc à vérins », dans le calcaire à milioles; nous y constatons aussi la présence de *Orbitolites complanata* et l'absence des Nummulites qui forment, en majeure partie, les couches sous-jacentes.

Repassant par le ravin précité et remontant à un niveau plus élevé, nous constatons la présence de l'argile de Saint-Gobain au chemin de Barisis, de même qu'en un point situé à l'angle de la route de Septvaux et de celle de Barisis, où M. *Gosselet* lui attribue 15 mètres de puissance.

Nous suivons le chemin forestier, qui est dans l'argile de Saint-Gobain, puis la route de Saint-Gobain vers Charles-Fontaine, et, à 198 mètres d'altitude, nous constatons la présence, sur l'argile de Saint-Gobain, des sables de Beauchamp, accompagnés de plaquettes siliceuses et de galets de grès blanc paraissant être remaniés par le Quaternaire.

Près de la maison forestière Saint-Nicolas et à 192 mètres d'altitude, une source, au niveau de l'argile de Saint-Gobain, sert à désaltérer les membres de l'excursion.

A un niveau plus élevé, M. *Leriche* nous montre des poudingues épais dans les grès de Beauchamp, formés de galets de silex cimentés par du sable blanc pur (alt., 210 mètres).

Les galets de ces poudingues sont très remarquables; ils sont parfois de forte taille, le plus souvent pugilaires, ovulaires ou avellanaires, et formés de quartz blanc; ce quartz de nature filonienne provient évidemment des roches ardennaises; il s'y mêle parfois des galets de silex, de la craie, facilement distinguables, mais la couleur laiteuse de l'ensemble est spéciale et caractéristique (G. D.) (1).

(1) Les paragraphes spécialement signés G. D. fournissent l'expression de vues personnelles formulées par M. *Gustave Dollfus*.

Nous avions donc vu ce jour toute la série éocène, depuis le Landenien jusqu'aux Sables Moyens, avec des aspects dont quelques-uns nous sont plus ou moins familiers, mais ici souvent plus fossilifères.

Reprenant la voiture, nous rentrons le soir à Chauny par Saint-Gobain. Après le dîner, M. *Dollfus* expose la question des Sables de Sinceny avec détails.

Les Sables de Sinceny, par M. G.-F. Dollfus.

Il me paraît nécessaire d'exposer avec quelques détails l'historique de la question des sables de Sinceny, sur laquelle beaucoup de géologues, qui n'ont pu en suivre toutes les péripéties, ne savent encore à quelle opinion s'arrêter.

Depuis les premiers travaux de détail sur la géologie du bassin de Paris, on savait par Graves, d'Archiac, et quelques autres observateurs, qu'il existe au sommet des lignites du Soissonnais un horizon à *Pectunculus terebratularis* assez étendu. Mais c'est par la découverte du gisement important de Sinceny, due à l'abbé Lambert, vicaire à Chauny en 1853, que la discussion s'est ouverte (1). *Éd. Hébert* vint visiter la localité en 1854 (2), et, reconnaissant, dans les sables graveleux de Sinceny, la présence d'espèces de Cuise mêlées avec les coquilles habituelles des Lignites, il crut avoir affaire à un terrain remanié très anciennement avant le dépôt du calcaire grossier. Après des travaux plus approfondis de l'abbé Lambert (3), et après une communication de Loustau sur la coupe géologique du chemin de fer de Chauny à Saint-Gobain (qui ne fut pas publiée) (4), M. Hébert corrigea ses conclusions premières et il admit que « le riche gisement de Sinceny fait partie des Lignites, au milieu desquels il est intercalé », cette intercalation résultant, d'après lui, de la présence d'un lit à *Ostrea bellovacensis* comme couronnant le dépôt (5).

L'abbé Lambert avait insisté sur les affinités de la faune avec celle du sable de Cuise, et Deshayes avait considéré les fossiles de Sinceny comme un horizon spécial au voisinage des Lignites, créant à ce propos toute une série d'espèces inutiles dont nous parlerons plus loin.

(1) Ed. Lambert, *Note sur les terrains d'Argile à lignites,* Soissons, 1855. (*Bull. Soc. arch., hist. et scient.*, t. V.)

(2) Hébert, *Bull. Soc. géol. de France*, 2e série, t. XI, p. 655 (1854).

(3) Ed. Lambert, *Études géologiques sur le terrain tertiaire au Nord de Paris.* Soissons, 1858 (*Bull. Soc. arch., hist., scient.*, t. IX).

(4) Loustau, *Bull. Soc. géol. de France*, 2e série, t. XVIII, p. 77 (1860).

(5) Ed. Hébert, *Bull. Soc. géol. de France,* 2e série, t. XVIII, p. 77 (1860).

Telle était la situation lorsque je fus amené à la reprendre en 1877 (1). Après avoir visité une grande partie du Soissonnais, et les localités typiques de l'Éocène inférieur dans le Nord de la France, la Belgique et l'Angleterre, je fus frappé de l'analogie des couches de Sinceny avec celles d'Oldhaven, dans le bassin de Londres : même composition minéralogique, même faune, même position stratigraphique. Je fus amené à la conclusion que les sables de Sinceny devaient former, dans le bassin de Paris, un horizon distinct situé entre les Lignites du Soissonnais et les sables de Cuise, et ne se confondant ni avec les uns ni avec les autres. Pour ne pas multiplier les subdivisions, on pourrait les accolader avec les Lignites du Soissonnais ; mais ils n'en font réellement pas partie.

Cette manière de voir fut vivement critiquée par Hébert et par ses élèves, et j'aurais succombé pour un temps dans une lutte trop inégale, si je n'avais trouvé un appui inattendu, fort opportun, en M. *de Mercey*, dont les études géologiques dans la vallée de la Somme et sur le Nord du bassin de Paris font autorité.

Il vint prouver, par de nombreuses coupes, l'existence d'un horizon graveleux, très étendu, avec *Pectunculus terebratularis*, situé entre les Lignites et les sables de Cuise. M. de Mercey écrivait au Secrétaire de la Société géologique de France, à propos de la dernière discussion entre M. Dollfus et M. Hébert relativement aux sables de Sinceny : « La situation de ces sables marins, supérieurs aux lignites, ne peut être considérée comme douteuse. L'accord entre M. de Mercey et M. Dollfus peut imposer d'autant plus de confiance qu'il résulte de recherches tout à fait indépendantes, et présentées presque simultanément, par M. de Mercey à la Société géologique de France et par M. Dollfus à la Société géologique du Nord (2). »

L'épaisseur des sables de Sinceny dans le Noyonnais est de 9 mètres au moins, et M. de Mercey montrait aux membres de la Société géologique, dans leur excursion extraordinaire annuelle, leur position évidente au-dessus des Lignites, dans la butte de Coivrel.

Enfin, M. de Mercey expliquait l'opinion de Hébert sur la coupe de Sinceny, en signalant la présence de trois bancs bien distincts à *Ostrea bellovacensis* dans le Noyonnais. Le premier, situé entre les sables de Bracheux et le calcaire de Mortemer, le second, à la partie supérieure

(1) G. DOLLFUS, *Annales Soc. géol. du Nord*, t. V, p. 5 (1877), et *Bull. Soc. géol. de France*, 3e série, t. VII, p. 18 (1878).
[M. STAN. MEUNIER n'en a pas parlé dans sa *Géologie des Environs de Paris*, publiée en 1875.]

(2) DE MERCEY, *Bull. Soc. géol. de France*, 3e série, t. VI (1879), pp. 498 et 679, et t. VII (1880), pp. 404, 479 et 610.

des Lignites, et le troisième situé entre les Lignites et les sables de Cuise. C'est entre le deuxième et le troisième banc que se trouvent les sables de Sinceny; c'est au-dessus du troisième banc que débutent les vrais sables de Cuise.

M. Hébert ne fut point converti (1); et pour être complet, je dois mentionner ici une courte Note de M. *L. Carez* (2), dans laquelle, étudiant peu d'années après les sables de Bracheux dans la vallée de la Marne, il se sépara de son collaborateur M. *de Laubrière*, qui était disposé à mettre les sables de Brasles au niveau de ceux de Sinceny, et il continua à déclarer, avec Hébert, que les sables de Sinceny sont insérés dans les Lignites, « bien qu'il ait pu contrôler les coupes de M. de Mercey à Boulogne-la-Grasse, à Conchy-les-Pots, où la superposition est évidente et les fossiles abondants ». Il critique la liste des fossiles de Sinceny que j'ai donnée, comme prise « sans examen, dans une liste déjà bien ancienne de l'abbé Lambert ». Ma liste, au contraire, avait été très étudiée; j'avais signalé plus de dix espèces, sur soixante, qui n'avaient pas été mentionnées antérieurement à Sinceny, et présenté des observations sur beaucoup d'espèces qui ont été admises postérieurement par les paléontologistes.

Depuis cette époque, mes courses dans le bassin de Paris ont été nombreuses; j'ai dressé diverses cartes géologiques : les feuilles de Paris, Rouen, Évreux, au 80 000ᵉ; d'autres à l'échelle du 320 000ᵉ, et j'ai eu continuellement l'occasion de revoir les sables de Sinceny, les galets noirs roulés si caractéristiques entre les Lignites du Soissonnais et les sables de Cuise. Je ne puis entrer ici dans tous les détails (3). Aussi, c'est avec une véritable surprise que j'ai lu les Notes de M. *Gosselet* sur Sinceny : « Le falun de Sinceny contient des galets; c'est une formation sporadique, toute locale, qu'on ne peut suivre sur un grand espace (4). » Ni M. de Mercey ni moi, ne pouvons accepter une exécution aussi sommaire. Il ne s'agit pas d'une simple question d'accolades, de vues théoriques, mais d'un grand phénomène; de l'isolement d'une couche, d'une grande transgression marine. Non

(1) Hébert, *Bull. Soc. géol. de France*, 3ᵉ série, t. VII, p. 408 (1879).
(2) L. Carez, *Bull. Soc. géol. de France*, 3ᵉ série, t. VIII, p. 391 (1880).
(3) G. Dollfus, *Société géol. de Normandie*. Le Havre, 1880; *Terrains tertiaires*, p. 41 (1852).
G. Dollfus et G. Ramond, *Profil géologique du chemin de fer de Mantes à Argenteuil*. (*Bull. Soc. géol. de France*, 3ᵉ série, t. XIX p. 10, 1891.)
G. Dollfus, *Carte géologique de France*. Comptes rendus des Collaborateurs : VII, p. 3 (1895); VIII, p. 3 (1896 ; IX, p. 3 (1899); X, p. 3 (1898); XI. p. 2 (1899).
G Dollfus, *Observations géologiques aux environs de Louviers, Vernon et Pacy-sur-Eure*, pp. 15, 17, 35, etc. Caen, 1897.
(4) *Ann. Soc. géol. du Nord*, t. XXII, p. 134 (1894); t. XXVIII, p. 300 (1899).

seulement les sables de Sinceny ne sont pas insérés dans les Lignites du Soissonnais, mais ils règnent à leur partie supérieure.

M. Gosselet ne voit pas l'importance d'un gros gravier, qui atteint à lui seul 3 à 4 mètres de puissance, et qui s'étend sur des centaines de kilomètres; il fait, du reste, un véritable procès à toutes les formations graveleuses, et il dit que, comme il a dû exister des galets à toutes les époques, ils sont sans valeur stratigraphique. Je dois protester contre cette manière de voir; certainement des plages et des galets ont existé à toutes les époques, mais les mers ne sont pas restées toujours à la même place; nos classifications sont basées sur leurs envahissements et leurs retraites; or, ces mouvements laissent justement pour trace de leur passage de vastes horizons de galets, des cordons d'anciennes plages dénudant et ravinant les surfaces antérieures; ils deviennent des limites séparatives étendues de toute première importance; depuis l'ancien géologue *de la Bèche*, on les observe, et ce n'est pas devant nos amis de Belgique que nous avons besoin d'exposer tout le parti qu'on a su en tirer.

Presque toujours, d'ailleurs, il est facile de distinguer les galets d'un horizon de ceux d'un étage différent. Ainsi les galets de la base des sables de Bracheux sont exclusivement de silex, de calibres variés, de couleur blanchâtre ou verdâtre. Les galets des Lignites sont épars, mal roulés, subanguleux, grisâtres. Les galets de Sinceny sont bien lités, composés de silex, de calibre sensiblement uniforme; leur couleur noire et leur taille sont caractéristiques. Enfin, nous avons vu que les galets culminants de Saint-Gobain, appartenant aux Sables Moyens, sont formés de quartzites blanchâtres, de forte taille, sans rapport avec aucun des dépôts précédents. C'est seulement dans les dépôts remaniés, dans les éboulis ou le diluvium qu'il se présente un mélange de toutes ces formes.

M. *A. de Lapparent*, dans la dernière édition de son *Traité de Géologie*, a donné droit de cité aux sables de Sinceny (pp. 1426, 1427, etc.), et les a très exactement assimilés aux Sables d'Oldhaven.

Il semble d'ailleurs que M. Gosselet lui-même soit prêt à revenir à d'autres sentiments; il vient d'étudier le tertre tertiaire de Saint-Josse, près d'Étaples, et il y a reconnu les assises suivantes : 1° sables glauconifères (Bracheux); 2° alternances d'argiles et de sables à *Melania inquinata, Cyrena cuneiformis, Unio* (Lignites du Soissonnais); 3° amas épais de galets noirs très roulés avec sables grossiers (assise de Sinceny). Cette dernière couche étant bien, comme M. Gosselet le reconnaît, l'analogue des sables graveleux existant dans le Noyonnais, entre les

Lignites et les sables de Cuise (1). C'est une étape intéressante vers leur extension en Angleterre, et vers la reconnaissance de l'individualité et la généralisation de leur dépôt.

J'ai dit que dans la vallée de la Marne, M. *de Laubrière* avait rapproché les sables qu'on voit à Brasles de ceux de Sinceny, et, en effet, le nombre d'espèces communes et la nature du gisement présentent des arguments très solides pour un tel rapprochement; mais pour l'établissement de la feuille géologique de Meaux, j'ai été amené à examiner sérieusement les sables de Brasles et de Gland, et j'ai trouvé que, par sa faune et par sa position stratigraphique, cet horizon devait être placé au sommet des sables de Cuise. Il joue, relativement aux sables de Cuise, le même rôle que les sables de Sinceny jouent par rapport aux Lignites, dont ils marquent la régression finale (2). Revenant à la faune marine supérieure des Lignites, à la faune de Sinceny, j'observe qu'elle est encore plus voisine de celle des sables de Cuise qu'on ne l'avait supposé jusqu'ici, et que bien des déterminations de Deshayes en ont altéré le caractère. Croyant devoir séparer les sables de Sinceny et les coquilles marines des Lignites, en général, de toutes les autres espèces fossiles, il a créé, sans nul besoin, des espèces spéciales sous des noms différents, que nous sommes conduit à rejeter aujourd'hui. Voici une première liste de ces espèces inutiles; elles doivent porter à l'avenir les noms que nous avons indiqués en lettres capitales et qui sont plus anciens.

Espèces identiques entre les Lignites supérieurs marins et les sables de Cuise, désignées sous des noms différents, et qu'il est nécessaire de réunir.

Lucina sparnacensis Desh.	=	LUCINA PROXIMA Desh.
DIPLODONTA SINCENYENSIS Desh.	=	*Diplodonta consors* Desh.
Mactra Lamberti Desh.	=	MACTRA LEVESQUEI d'Orb.
Corbula spectabilis Desh.	=	CORBULA REGULBIENSIS Morr.
Cyrena cardioides Desh.	=	CYRENA GRAVESI Desh.
PECTUNCULUS PAUCIDENTATUS Desh.	=	*Pectunculus polymorphus* Desh.
Mytilus Dutemplei Desh.	=	MYTILUS LEVESQUEI Desh.
OSTREA SPARNACENSIS Desh.	=	*Ostrea angusta* Desh.
Natica lignitarum Desh.	=	NATICA INTERMEDIA Desh.
MELANOPSIS DUTEMPLEI Desh.	=	*Melanopsis dispar* Desh.
BAYANIA TRITICEA Ferr.	=	*Melania ventriculosa* Desh.
FUSUS LATUS Sow.	=	*Fusus costellifer* Desh.
Pseudoliva semicostata Desh.	=	PSEUDOLIVA OBTUSA Desh.

(1) GOSSELET, *Annales Soc. géol. du Nord*, t. XXX, p. 206 (1901).
(2) G. DOLLFUS, *Bull. Carte géol. de France.* Rapport des Collaborateurs : t. IX, p. 5 (1897).

Parmi les genres *Sphænia*, *Lucina*, *Cytherea*, *Cyrena*, *Bithinia*, *Neritina*, *Murex*, etc., il y aurait lieu de continuer les recherches dans le même sens, par la comparaison de matériaux bien authentiques. Enfin, tout un groupe d'espèces anciennement signalées déjà passent des Lignites dans les sables de Cuise; nous en rappellerons la liste :

Espèces de Sinceny passant dans les sables de Cuise.

Potamides involutus Lk.	*Neritina nucleus* Desh.
Lampania subacuta d'Orb.	*Natica infundibulum* Wat.
Cerithium stephanophorum Desh.	*Planorbis hemistoma* Sow.
Melania Herouvalensis Desh.	*Pholas Levesquei* Wat.
Calyptræa aperta Sol.	*Corbulomya seminulum* Desh.
Melanopsis ovularis Desh.	*Nucula fragilis* Desh.
Odontostomia lignitarum Desh.	*Arca modioliformis* Desh.
Var. *cuisense* Coss.	

Par contre, il importe de relever les espèces qui rattachent les sables de Sinceny aux Lignites du Soissonnais; en voici la liste :

Espèces de Sinceny venant des Lignites du Soissonnais.

Potamides funatus Mant.	*Neritina globulus* Fer.
— *turris* Desh.	— *sincenyensis* Desh.
Lampania turbinoides Desh.	*Cyrena cuneiformis* Fer.
Melania curvicostata Mell.	— *tellinella* Fer.
Melanopsis buccinoidea Fer.	*Mytilus lævigatus* Desh.
Odontostomia lignitarum Desh.	*Pisidium lævigatum* Desh.
Bithinella intermedia Mell.	*Melania inquinata* Def.
Vivipara sublenta d'Orb.	*Bithinella alta* Desh.

Cette faune se complète d'un certain nombre d'espèces jusqu'ici spéciales à Sinceny, — et par conséquent sans signification dans la question de rapprochement qui nous occupe, — puis d'espèces communes à tout l'Éocène inférieur et de quelques formes rares, mal connues, qui demandent un complément d'étude.

De l'ensemble de ces documents, après examen critique, il se dégage cette conclusion que c'est dans une mer possédant une faune extrêmement voisine, sinon identique, à celle de Cuise que s'ouvraient les marécages fluvio-marins des Lignites du Soissonnais et des sables de Sinceny. Cette faune est déjà fort éloignée de celle de Bracheux.

La faune de Sinceny est celle d'un banc de sable à l'entrée d'un estuaire fort vaste; elle peut correspondre latéralement à toute une série de zones marines ou potamides, localement spécialisées, dont les débris roulés et confondus se trouvent amassés dans un chenal synclinal occupant quelque partie centrale d'un grand delta.

Il ne faut pas s'étonner d'après cela que la faune de Sinceny soit moins généralement étendue que celle des Lignites; elle témoigne de courants rapides, de transports importants; elle manque sur les anticlinaux. Les dépôts parisiens sont tous disposés par bandes, de l'Ouest à l'Est, entre des plis généraux, transversaux, lentement contractés; les couches de Sinceny sont au centre du synclinal de la Somme, et elles en suivent la fortune depuis le Noyonnais jusqu'à la montagne de Reims par la vallée de la Vesles. Dans ma dernière carte tectonique du bassin de Paris, j'ai figuré le synclinal de la Somme comme remontant trop au Nord. Évidemment les sables de Sinceny sont identiques à ceux de Pourcy-lès-Reims, et seulement plus loin ils atteignaient la craie, pour lui emprunter les éléments de leurs galets noirs. Il semble bien résulter, enfin, de leur gisement, que les phénomènes de transgression et de régression marines se produisaient concurremment et d'une manière indépendante de la production des ondulations de la craie, qui étaient persistantes à la même place.

Troisième journée. — Samedi 10 août 1901.

Visite des affleurements de Barisis-au-Bois.

Partis à 7 heures de Chauny, nous quittons les voitures après Barisis-au-Bois et nous nous engageons dans un chemin creux qui donne une coupe intéressante :

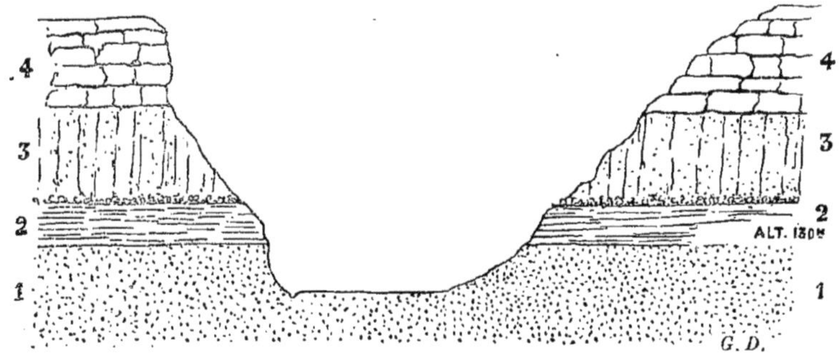

Fig. 5. — Coupe a Barisis (route de Septvaux).

4. Calcaire grossier inférieur à *Nummulites lævigata*. 3m,00
3. Calcaire sableux, jaunâtre, à *Lunulites urceolata*, gravier, dents de squales; ravinement à la base. 2m,80
2. Argile sableuse, glauconifère, vert vif (Paniselien). 1m,00
1. Sable fin, couleur fauve (sable de Cuise) sur 2m,00

Un déblai du côté Sud du chemin nous montre les sables de Cuise avec des bancs de grès discontinus; un peu plus haut, un autre déblai ne nous montre plus ces bancs et, vers le haut, nous apercevons le contact du Calcaire grossier sableux reposant sur les sables de Cuise, par l'intermédiaire d'un lit d'argile verdâtre, sableuse, glauconifère, qui est un représentant, bien réduit, de l'argile dite paniselienne.

Le contact se produit sans cailloux ni gravier.

Le Calcaire grossier est très sableux, rappelant fort le Bruxellien; il se concrétionne à mesure que le chemin s'élève; nous y constatons la présence de *Nummulites lævigata*. Tout au haut du chemin, dans une carrière où l'on extrait du sable calcaire, on trouve la *pierre à liards*, pétrie de *Nummulites lævigata*, sur une épaisseur de 2 mètres, surmontée du « banc Saint-Jacques », qui renferme de nombreux moules de *Cardium porulosum*.

La plupart des Nummulites qui jonchaient le sol de cette carrière étaient éclatés suivant leur plan transversal, laissant voir ainsi tous les détails intérieurs de la spire.

Nous reprenons la voiture à un niveau plus élevé, et nous parcourons une crête, ce qui nous procure la vue d'un panorama splendide sur les épaisses frondaisons de la basse forêt de Coucy.

Affleurements de Septvaux.

Dans le chemin de Saint-Gobain à Septvaux, à 27 mètres au-dessus de la base du Calcaire grossier, nous observons des bancs à Cérithes surmontés d'un banc de calcaire à Milioles, au niveau duquel se trouve une carrière souterraine. Revenant sur nos pas, vers Septvaux, dans un chemin creux du côté oriental de la route, nous constatons la présence du Calcaire grossier à *Ditrupa strangulata*, surmonté d'un banc à *Orbitolites complanata*).

A un niveau plus élevé, dans une carrière abandonnée, se présente le « banc à vérins »; le baromètre accuse une différence de niveau de 3 mètres avec l'affleurement à *Ditrupa*. Continuant notre chemin, nous arrivons au village de Septvaux, dont l'église romane, campée sur un monticule, détache nettement son antique silhouette dans un cadre pittoresque et sauvage de collines couvertes de grands bois.

A 800 mètres au Sud de Septvaux, on voit un affleurement de calcaire grossier à Orbitolites et à Cérithes (altitude, 168 mètres), dont la coupe est reproduite ci-contre (fig. 6).

Route Serpentine.

Nous nous engageons sur la « route Serpentine », qui entame les diverses assises du Calcaire grossier.

A l'altitude de 187 mètres apparaît le sable de Beauchamp pur et sans fossiles, dont M. *Mourlon* signale la grande analogie avec le Wemmelien visible à la *Petite-Suisse*, à Bruxelles, sur la rive droite de la Senne, où ce dépôt éocène supérieur est en majeure partie représenté par du sable quartzeux, glauconifère, et renfermant des bancs ferrugineux à *Nummulites wemmelensis*.

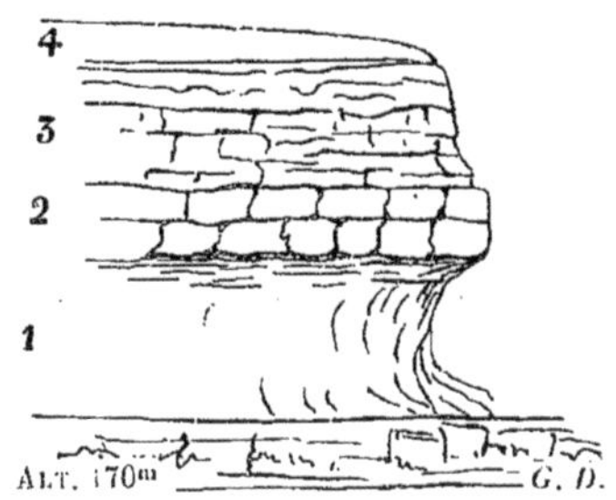

Fig. 6. — COUPE AU PLATEAU DE SEPTVAUX.

4. Calcaire en plaquettes, débris . . . .
3. Calcaire fragmenté à *Potamides lapidum* 1m,00
2. Bancs solides à *Potamides lapidum* [deux bancs de 15 centimètres d'épaisseur : base du calcaire grossier supérieur] 0m,30
1. Calcaire grossier tendre, jaunâtre, à Milioles, sur 2m,00

Un peu plus haut, dans le large chemin sous bois, nous constatons la présence de l'argile de Saint-Gobain.

Plus loin, à droite de la route et à 167 mètres d'altitude, se montre une galerie dans le calcaire à vérins (banc à *Cerithium giganteum*).

En montant, on voit à la surface du sol des blocs mamelonnés de grès de Beauchamp; plus haut, entre le sable et l'argile, on trouve des plaquettes siliceuses.

Coupes à Prémontré.

Au carrefour de la Croix Saint-Jean, la carte indique 209 mètres d'altitude.

Nous nous acheminons vers Prémontré, et à 201 mètres d'altitude, nous voyons un déblai dans un sable quartzeux, blanc jaunâtre, finement glauconifère, recouvert de plaquettes siliceuses.

Continuant notre route, nous ne tardons pas à atteindre une carrière ouverte dans le Calcaire à Cérithes, dont M. *Leriche* a décrit la coupe de la façon suivante (*Ann. de la Soc., géol. du Nord*, 1889, t. XXVIII, p. 111) [Altitude de 175 à 180 mètres suivant M. Dollfus] :

1° Argile jaunâtre provenant de la décomposition du calcaire sous-jacent; elle forme à la surface de ce dernier des poches irrégulières.	
2° Calcaire à *Potamides lapidum*, *Cyrena cycladiformis* (*breviuscula*)	0m,50
3° Calcaire formé par un agrégat de Cérithes (*Potamides lapidum*, *Lampania echinoides*); il renferme quelques Milioles	0m,20
4° Calcaire dur à Milioles et Cérithes (*Potamides lapidum*, *Lampania echinoides*); les Cérithes sont surtout abondants à la base	0m,40
5° Calcaire à *Potamides lapidum*.	0m,05
6° Calcaire marneux à fossiles brisés	0m,20
7° Calcaire pétri de *Potamides lapidum*.	0m,15
8° Calcaire compact à Milioles et Cérithes (*Potamides lapidum*, *Lampania echinoides*)	0m,20
9° Calcaire marneux à *Potamides lapidum*; il est lité à la partie inférieure, très fissuré à la partie supérieure	0m,80
10° Calcaire à *Potamides cristatus*	0m,30
11° Calcaire marneux à *Potamides lapidum*	0m,40
12° Calcaire compact, dur, à *Potamides lapidum*	0m,50

Nous nous trouvons ici, d'après M. *Leriche*, devant une formation d'estuaire; M. *Dollfus* classe tout cet ensemble dans le Calcaire grossier supérieur, désigné souvent par les anciens auteurs sous le nom populaire de *Caillasse*, qui désigne une mauvaise pierre calcaro-siliceuse, en bancs irréguliers.

M. *Mourlon* est porté à y voir une partie supérieure du Ledien, dont la présence n'aurait point encore été signalée en Belgique. Ce géologue a cependant signalé, entre le Ledien et le Wemmelien, un dépôt avec gravier à la base, qui n'a encore pu être suffisamment défini.

M. *A. Rutot* est d'avis, depuis longtemps, que l'assise des Caillasses n'est pas représentée en Belgique. Il admet une lacune à cet horizon, lacune qui viendrait s'intercaler entre le sommet du Ledien et le gravier de base du Wemmelien. M. *G. Dollfus* accepte parfaitement cette manière de voir.

Après le déjeuner, nous visitons l'asile départemental des aliénés de Prémontré, ancienne construction abbatiale fort intéressante, maison mère de l'ordre de ce nom.

Le directeur de l'asile, M. le Dr *Piler*, nous montre, avec la plus grande amabilité, les parties intéressantes des anciens bâtiments.

M. *Gosselet*, qui connaissait personnellement le directeur de l'Asile, s'est fait l'interprète de tous pour le remercier. Nous remontons alors en voiture et partons pour Coucy.

La visite des ruines du célèbre château fort terminait le programme de cette journée. Ce château, l'un des plus formidables que la féodalité nous ait laissés, est bâti presque entièrement en calcaire à Cérithes.

Dans les souterrains du château, près de la grande tour, à 116 mètres d'altitude, un niveau d'eau décèle l'argile paniselienne.

Séance du soir.

Après nous être rendus, en chemin de fer, à Laon, où nous sommes descendus à l'*Hôtel de la Gare*, notre nouveau quartier général, nous avons tenu, après souper, notre seconde séance du soir.

Le président, M. *Dollfus*, distribue quelques tirés à part, traitant de la structure du bassin de Paris, et ouvre la discussion.

L'assemblée se livre à un échange de vues très importantes sur la concordance des couches éocènes belges et françaises.

M. *Rutot* a été l'un de ceux qui ont contribué à faire ranger le Ledien de Belgique dans l'Éocène supérieur.

Ce qui l'avait tout spécialement engagé dans cette voie, c'est l'importance qu'il attribuait à la présence du banc de *Nummulites variolaria*, qui se confond avec le gravier de base.

M. *Rutot* voyait dans la présence de ces Nummulites un motif suffisant pour synchroniser le Ledien avec les sables de Beauchamp, dont la base renferme aussi en abondance *N. variolaria*.

Depuis quelques années, M. Rutot croit qu'il a eu tort de donner la prépondérance à cette Nummulite, car l'ensemble de la faune du Ledien n'indique pas un niveau aussi élevé que le sable de Beauchamp. M. Rutot voit actuellement, très nettement, le Ledien représenté par la partie du Calcaire grossier surmontant le « banc à vérins ». Il est d'avis de faire rentrer le Ledien dans l'Éocène moyen et de faire commencer l'Éocène supérieur avec le Wemmelien, qui renferme la faune du Bartonien.

M. *Gosselet*, répondant à une question posée par M. le Président, au sujet de la place qu'occupe l'argile de Saint-Gobain dans la série tertiaire, dit que, d'après lui, elle se trouve à un niveau supérieur à celui des couches à Cérithes; il n'y a découvert, malheureusement, aucune trace organique, mais comme elle est recouverte par les sables de Beauchamp, la position générale ne peut guère varier, et elle ne peut être considérée que comme un facies de la partie supérieure du Calcaire grossier supérieur.

Pour ce qui est de la couche argileuse verdâtre qui sépare le Calcaire grossier (Bruxellien) des sables de Cuise (Ypresien), M. *Gosselet* rappelle qu'il l'a rapportée au Paniselien uniquement à cause de sa composition lithologique et de sa position stratigraphique; elle n'a fourni jusqu'ici aucun fossile.

M. *Rutot* est également d'avis que l'ensemble des Caillasses et de leur couche supérieure terminale, l'argile de Saint-Gobain, représente bien la lacune existant en Belgique entre le Ledien et le Wemmelien. En aucune façon, l'argile de Saint-Gobain ne peut donc être synchronisée avec l'argile asschienne, qui surmonte le Wemmelien et qui, pour l'orateur, est l'exact équivalent de la masse de l'argile de Barton. On sait que la faune du sommet de l'Asschien possède déjà des espèces communes avec l'Oligocène inférieur, ou Tongrien inférieur, qui lui est directement superposé.

Au sujet de la succession des couches du Calcaire grossier, M. *Mourlon* fait remarquer que s'il ne reconnaît pas nettement le Laekenien belge dans les couches à Ditrupa, il n'hésite pas à assimiler au Ledien la plus grande partie, si pas la totalité du Calcaire grossier, en dehors des couches de la base à *Nummulites lævigata*, qui correspondent à notre Bruxellien.

M. *Rutot* ne peut partager cette manière de voir; il reconnaît, au contraire, dans les couches à Ditrupa l'exact équivalent du Laekenien de Belgique. Du reste, *Ditrupa strangulata* est une des espèces les plus abondantes du Laekenien.

QUATRIÈME JOURNÉE. — DIMANCHE 11 AOUT 1901.

Colline de Laon.

Partis de l'hôtel vers 8 heures, nous nous rendons près du chemin de fer où une carrière abandonnée montre, à la partie inférieure, la craie à *Belemnitella quadrata*, qui a été exploitée sur 4 à 6 mètres.

Cette carrière présente la coupe ci-contre (fig. 7).

Le niveau du sol est à 85 mètres d'altitude.

Remontant à un niveau plus élevé vers l'Est de la ville, en contre-bas de la citadelle et à une altitude de 90 mètres, une grande sablière montre une coupe dans le Landenien.

Cette coupe comprend 9 mètres de sable blanc, avec parties à stratification entrecroisée et tubulations d'annélides à la partie supérieure; l'exploitant nous dit qu'il y a encore 12 mètres de sable plus bas, devenant verdâtre à la partie inférieure.

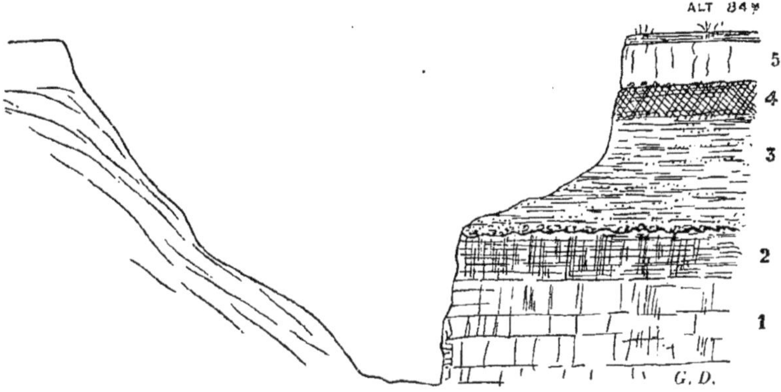

Fig. 7. — Coupe a Laon (faubourg de Vaux).

5. Limon (terre à briques)	1m,00
4. Argile gris verdâtre, non stratifiée (surface d'altération de la couche inférieure).	1m,00
3. Argile glauconifère, sableuse, passant au tufeau à la base. Petits galets noirs et lit d'argile brune au contact de la craie ravinée	3m,00
2. Craie jaunie, dure, fendillée.	1m,20
1. Craie blanche à *Belemnitella quadrata*, en lits horizontaux	2m,80

M. *Rutot* signale l'analogie frappante et complète de la masse sableuse inférieure avec quantité de coupes que l'on peut observer en Belgique, partout où l'on constate la présence du sable d'émersion (*L1d*) du Landenien inférieur.

On peut voir le même sable au mont Eribus, près de Mons, et en quantité d'autres points.

A côté de la précédente carrière s'en trouve une autre dans laquelle, au-dessus de 12 mètres de sable landenien (*L1d*), on observe 6 à 7 mètres de sable avec couches à lignites.

M. *Dollfus* nous fournit la coupe détaillée de cette sablière qui est reproduite à la page suivante (fig. 8).

A droite de la route, à une altitude de 90 mètres une source en contre-bas indique la présence de l'argile glauconifère landenienne (*L1c*).

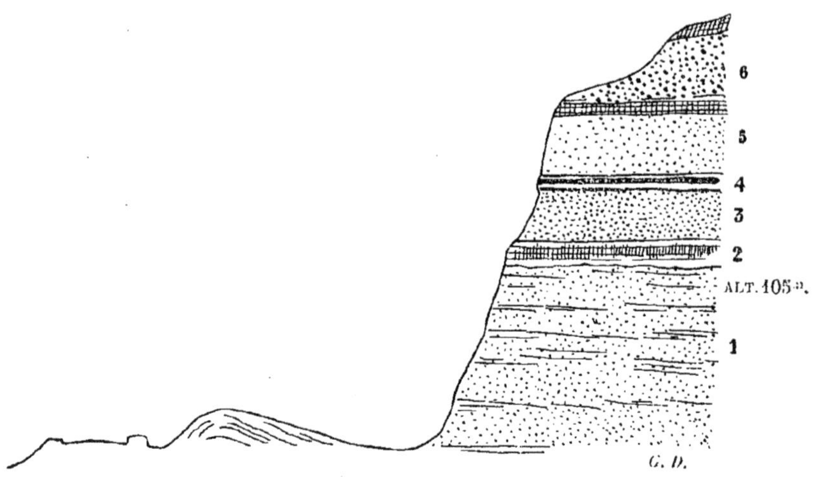

Fig. 8. — Coupe a Laon (Escarpement du Sud).

6. Sable roux, demi-fin, un peu argileux à la base (base des sables de Cuise), visible sur	1m,10
5. Sable gris, assez fin, fluide	1m,80
4. Couches argilo-ligniteuses, noires, filets sableux	0m,40
3. Sable calcarifère, rosâtre, assez solide	1m,70
2. Sable ligniteux noir, ravinant les sables inférieurs	0m,30
1. Sable blanc, fin, pur; visible sur (puissant de 20 mètres dans une autre carrière). Sables de Châlons-sur-Vesles.	6m,00

[Les couches 2, 3, 4 et 5 représentent les Lignites du Soissonnais.]

Montant alors vers Laon, nous rencontrons la suite de la série éocène.

En premier lieu, au-dessus du Landenien, dont le sommet nous échappe, le sable de Cuise, fossilifère, se présente très semblable à notre sable ypresien (*Yd*); M. *Van den Broeck* nous fait remarquer la grande quantité de *Nummulites elegans*, dont le nombre surpasse de beaucoup celui des *Nummulites planulata*.

Dans les fondations de la porte d'Ardon, dont le seuil est à une altitude de 165 mètres, le Calcaire grossier commence par un banc gréseux et graveleux, à gros grains de quartz, appelé dans la région « pain de Prussien ».

Au-dessus se trouve la « pierre à liards », ou couche à *Nummulites lævigata.*

Passant par la ville, nous visitons une très intéressante chapelle romane, du commencement du XIe siècle, de la Commanderie de l'Ordre des Templiers, puis la magnifique cathédrale gothique qui, avec celles de Reims, de Paris et d'Amiens, forme un des joyaux de l'architecture du Nord de la France. En continuant sur le plateau de l'Ouest, nous arrivons à la Porte de Paris, qui repose sur la « pierre à liards »; un des bastions de la porte penche d'une quinzaine de degrés, et M. *Gosselet* nous montre à quelques mètres plus bas une source décelant la présence de l'argile paniselienne; c'est cette source qui, en enlevant les éléments meubles des couches sous-jacentes, a fait pencher le terrain supportant la tour.

Un peu plus bas, vers Semilly, la route est en tranchée dans des bancs cohérents de sables de Cuise; ces bancs ont été exploités et les excavations en sont encore habitées par des « troglodytes », transportant ainsi jusqu'au XXe siècle un des caractères de la vie de l'homme préhistorique.

Après avoir observé les principaux affleurements de la colline de Laon, nous redescendons déjeuner à l'*Hôtel de la Gare*, et prenons le train pour Chaillevois.

Excursion de Chaillevois, Urcel et Laniscourt.

Au sortir de la gare de Chaillevois, et au Nord-Ouest de celle-ci, une carrière montre, sous 3^{m},50 de sable à stratifications entrecroisées, avec galets et lignites, 4 mètres de sable landenien marin (*L1d*).

En un autre endroit de la même carrière et à la partie supérieure, nous voyons des grès mamelonnés qui, pour les géologues belges, appartiennent incontestablement au Landenien supérieur (*L2*).

M. *Rutot* fait remarquer que la couche composée de lignites et de sable à stratifications entrecroisées lui paraît remaniée; elle est peut-être quaternaire moséenne. M. *Gosselet* n'est pas éloigné d'adopter cette manière de voir, et dit qu'il y a rencontré des fragments de meulières.

Nous nous rendons ensuite dans l'exploitation de l'alunière de

Chaillevois, dite « Cendrière », dont la coupe se présente comme suit :

1. Argile grise et sable jaune 3m,00
2. Sable argileux. 1m,00
3. Argile grise. 1m,00
4. Alternance de lits d'argile à lignites avec lits de sable fossilifère vers le bas 2m,00
5. Argile sableuse pétrie de coquilles 1m,50

M. *Dollfus* nomme les espèces suivantes en les récoltant :

Cyrena trigona;
Cyrena cuneiformis;
Potamides funatus;
Neritina globulus;
Melanopsis buccinoidea;
Ostrea bellovacensis.

M. Dollfus recueille encore dans la Cendrière une valve d'*Ostrea bellovacensis* perforée par un spongiaire du genre *Cliona*, formant une colonie radicellée tout à fait remarquable et dont voici la représentation :

Fig. 9. — *Cliona erodens* G. Doll. (1878) sur *Ostrea bellovacensis*. (Lignites de Chaillevois.

La partie centrale de cet organisme montre des canaux assez grands, inégaux, subcirculaires, assez distants, qui se prolongent dans la partie périphérique par des rameaux longs, ténus, bifurqués. Cette espèce a été désignée par M. Dollfus, en 1878, sous le nom de *Cliona erodens;* elle est assez commune sur les Ostrea du Sparnacien, mais il est rare de rencontrer des échantillons aussi bien conservés, dans lesquels on puisse suivre aussi nettement les progrès du développement circulaire colonial.

M. *G. Ramond* fait observer que *Cyrena cuneiformis* Fer. atteint ici une taille exceptionnelle : 30 millimètres de haut sur 40 millimètres de largeur, tandis que Deshayes n'accuse qu'une dimension maxima de 20 millimètres ; il propose la création d'une variété « *major* ».

MM. *Mourlon* et *Rutot* signalent l'analogie de cette coupe avec quelques-unes de celles qu'ils ont observées, et que M. Rutot a décrites et figurées dans le texte de la feuille de Landen (Carte géologique de la Belgique à l'échelle de $^1/_{20\,000}$).

M. Rutot ajoute, toutefois, que les coupes signalées sont moins importantes, et surtout qu'elles n'ont jamais fourni de fossiles.

Ces couches constituent, pour les géologues belges, l'un des principaux facies du Landenien supérieur.

Les argiles sont ici exploitées pour la fabrication de l'alun, grâce à la pyrite qu'elles renferment.

Elles sont déposées en tas et subissent l'action de l'oxygène de l'air, qui oxyde le soufre de la pyrite et donne, avec l'argile, un sulfate double d'aluminium et de fer, lequel, additionné de sulfate de potassium, fait obtenir de l'alun et du sulfate de fer.

A un niveau supérieur se trouve une carrière de grès blanc à pavés; MM. *Rutot* et *Van den Broeck* signalent l'analogie frappante de cette carrière avec celles, très nombreuses, existant aux environs de Tirlemont, et notamment vers Overlaer, et M. *Mourlon* confirme cette opinion. Nous y trouvons, comme en Belgique, de nombreux morceaux de bois silicifiés.

Au-dessus du banc à pavés, il y a 2 mètres de sable jaune avec lignites à la base, ce qui complète encore la ressemblance avec les coupes des environs de Tirlemont. On sait, de plus, qu'en Belgique, le niveau de grès à pavés occupe une position supérieure à celui des couches ligniteuses bien développées, surtout connues entre Tirlemont et Landen.

En réalité, M. *Rutot* se montre absolument frappé de la ressemblance complète existant entre le Landenien (inférieur et supérieur) belge et la série des couches thanetiennes et sparnaciennes des environs de Laon. S'il existait des fossiles dans les argiles ligniteuses du Brabant, l'identité serait complète.

A l'entrée de la fabrique d'alun à Chaillevois, la Société observe et note comme curiosité (V. fig. 10) une grande meule de moulin faite d'une seule pièce en calcaire nummulitique (*N. laevigata*) à la fois dur et rugueux, favorable à la mouture. Des fragments de meules analogues sont connus dans le Nord de la France, mais elles ne sont plus en usage aujourd'hui.

Fig. 10. — Meule en « pierre a liards » (Calcaire nummulitique) observée a Chaillevois (Aisne).

La figure 11 ci-après donne la position respective des diverses coupes observées.

Nous nous rendons ensuite à Urcel, et en passant par la rivière l'Aillette, nous traversons des formations dunales recouvertes de cailloux blancs, qui seraient d'âge quaternaire d'après M. *Van den Broeck*, landenien d'après M. *Gosselet.*

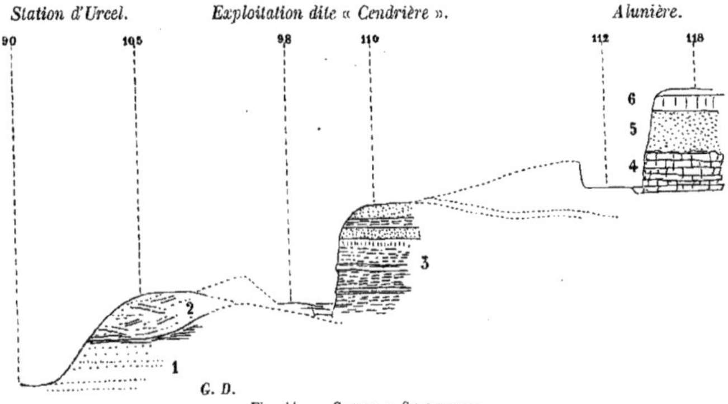

Fig. 11. — Coupes a Chaillevois.

6. Limon 1m,00
5. Sable jaune, quartzeux, demi-gros. 3m,00
4. Grès gris avec Cyrènes, Potamides, Mélanopsis et débris végétaux. 1m,80
3. Alternance d'argile noire, ligniteuse, non plastique, avec une argile sableuse très fossilifère : Cyrènes, Potamides, Huitres (coquilles souvent bivalves) et des lits charbonneux, pyriteux, efflorescents . . . 10m,00
2. Sable graveleux, grossier, blanc et jaune, *ravinement*. (Base des Lignites du Soissonnais ?) 3m,00
1. Sable gris, fin, avec zones jaunies, pur (sables de Bracheux) ; visible sur 6m,00

A Urcel, sur la place du village, qui se trouve à 92 mètres d'altitude, affleure un banc de grès blanc du Sparnacien.

Plus loin, un chemin montant devant l'église nous donne une coupe permettant d'observer, de bas en haut :

1° A l'altitude de 140 mètres, le sable de Cuise pétri de Nummulites et de Turritelles; à 155 mètres, affleurement d'argile (Paniselien) niveau d'eau;

2° A 175 mètres affleure la « pierre à liards »;

3° A 177 mètres, les couches à Ditrupa;

4° A 182 mètres, le calcaire à grands Cérithes (vérins);

5° Au haut du chemin, à 186 mètres, M. Gosselet signale, vers le Sud-Est, une couche à petits Cérithes et à Milioles, appartenant au Calcaire grossier moyen.

En redescendant, nous visitons la très intéressante église romane d'Urcel; cette église, du Xe siècle, est très bien conservée; elle possède un baptistère en pierre de l'époque de sa construction; son porche, très caractéristique, en forme de bretèche, augmente encore l'intérêt de ce monument archéologique si original.

M. *G. Ramond* a trouvé les fossiles suivants dans les sables de Cuise de la route d'Urcel au plateau :

Nummulites planulata (très abondante);
Collonia turbinata Desh.;
Neritina zonaria Desh.;
Velates Schmideli Chem., sp.,
Ampullaria semipatula Desh., sp.;
Homalaxis laudunensis Desh., sp.;
Turritella Solanderi Mayer;
Voluta angusta Lamk.;
Arca obliquaria Desh.;
Nucula fragilis Desh.

En passant par Royancourt, M. *Gosselet* nous montre une carrière dans le sable landenien; 800 mètres plus loin, près du chemin de fer, apparaît la craie.

Au Nord de Laniscourt, une autre coupe montre 5 à 6 mètres de sable gris surmontant 1[m],50 de grès blancs.

M. *Gosselet* dit qu'il a observé à proximité l'argile à lignites *surmontant* cette formation. Il n'y a donc pas lieu de confondre ce grès avec celui exploité pour pavés à la Cendrière de Chaillevois, qui se trouve *au-dessus* des Lignites.

A 500 mètres au Sud de Molinchard, nous visitons un amoncellement chaotique de blocs de fort cubage, appelé « Hottée de Gargantua »

A l'intérieur des blocs se montrent des parties plus silicifiées, qui se rapprochent des rognons durs, dits « quartzites de Wommersom », renfermés dans le banc de grès blanc à pavés du Landenien supérieur.

Ces rognons de quartzite ont, d'après M. *Rutot*, été utilisés, comme le silex, par les populations quaternaires primitives.

M. *Rutot* croit tout le monde d'accord pour admettre que les blocs de la « Hottée » sont des concrétions gréseuses, formées dans la masse sableuse du Landenien ; le sable qui les contenait a été lavé et entraîné par les eaux quaternaires; vers le bas, les blocs sont, en effet, dans un sable blanc assez pur.

M. *Gosselet* voit ici le correspondant du grès de Laniscourt, c'est-à-dire du banc gréseux qui se trouve *au-dessous* des Lignites (1).

A 500 mètres à l'Est de Molinchart apparait la craie au fond d'une carrière.

Nous rentrons à Laon, et, le soir, M. *Dollfus* entretient la Société d'un ancien géologue de Laon qui a publié un grand nombre de travaux sur la région; il les résume dans la notice suivante :

Les Sables du Soissonnais et le géologue Melleville,

par M. G.-F. Dollfus.

Il me paraît difficile de nous réunir à Laon sans dire quelques mots de Melleville qui, de 1837 à 1875, soit pendant plus de trente-cinq ans, n'a cessé d'étudier le Soissonnais et le Laonnais avec une ardeur toujours nouvelle, agitant les questions les plus diverses et combattant à travers mille difficultés. Je ne ferai pas ici l'analyse critique de tous les travaux de Melleville, cela me conduirait trop loin; j'examinerai seulement les diverses propositions précises qu'il établissait en 1842, devant la Société géologique de France, et qui étaient destinées à résumer sa doctrine. On verra que, observateur consciencieux, il était un théoricien

(1) Au Sud de Tirlemont, M. Rutot connaît aussi un niveau gréseux localisé dans une coupe montrant le passage du sable d'émersion *L1d* au facies supérieur *L2*.

et un généralisateur déplorable; dédaigneux de l'aide de ses confrères, mal accepté par eux, il tirait des conclusions absurdes des constatations de détail les plus précises.

Voici ses propositions :

« 1° Les argiles à lignites du Laonnais, du Soissonnais, du Noyonnais et des environs de Reims, ne présentent point à la base de la formation tertiaire des bancs continus, mais sont divisées en un grand nombre d'amas isolés les uns des autres, présentant une forme circulaire ou amygdaloïde. »

Il ne semble pas aujourd'hui qu'il y ait dans cette proposition d'hérésie fondamentale; nous admettons parfaitement que les argiles à lignites se montrent, avec une épaisseur inégale, dans les différents points du bassin, qu'elles manquent même sur les anticlinaux et s'épaississent dans les synclinaux; mais c'est que Melleville attachait à cette explication une portée qui dépasse singulièrement les lignes transcrites; il doutait que les couches ligniteuses passassent sous les collines de Calcaire grossier ou de sables de Cuise, il voyait les Lignites en relation avec le système des vallées actuelles et en amas sur leurs flancs!

De ce qu'il avait vu les Lignites masqués, amincis ou effacés par d'autres terrains, en s'avançant vers le Nord ou d'un côté à l'autre d'un massif, il concluait à leur perpétuelle discontinuité et les réduisait à des dépôts amygdaloïdes locaux; ce qui est tout à fait contraire à la généralité de l'assise.

« 2° Ces argiles sont toujours intercalées dans le premier étage des sables inférieurs et elles reposent aussi sur la craie, parallèlement avec eux. »

L'indépendance d'un système argilo-ligniteux, fluvio-marin, entre les sables de Bracheux et ceux de Cuise, est un fait aujourd'hui parfaitement établi. Melleville y confondait certains lits tourbeux noirs des Lignites avec des argiles glauconifères foncées jusqu'à devenir noires, qui se rencontrent parfois dans l'assise du tufeau de La Fère, et c'est à tort qu'il faisait ainsi des lignites une dépendance des sables de Bracheux. Tous, nous acceptons parfaitement aujourd'hui l'idée que les Lignites peuvent avoir débordé géographiquement les sables de Bracheux, et peuvent reposer directement sur la craie; c'est ce qui arrive dans tout le Sud du bassin de Paris, et dès Berru, nous avons vu le conglomérat de la base du Sparnacien ravinant le Thanetien et reposant sur la craie.

Encore ici il n'y a pas d'objection capitale à faire à la phrase même de Melleville, mais seulement à la glose et aux conclusions dont il l'accompagnait, le fait lui-même ayant été bien observé.

« 3° Le système argilo-sableux, placé à la base du Calcaire grossier dans le Nord du bassin parisien, est disposé comme les argiles plastiques en amas irréguliers et isolés, mais généralement plus étendus. »

Il est impossible de nier aujourd'hui l'existence d'un système argileux, parfois argilo-sableux, parfois ligniteux, situé entre le sable de Cuise et le Calcaire grossier; ce sont les couches que M. Gosselet nous fait étudier actuellement comme correspondant au Paniselien de la Belgique; ces couches sont peu épaisses, elles s'amincissent encore vers le Sud et disparaissent avant Paris. Et l'on a critiqué à tort Melleville quand on a cru qu'il avait confondu les véritables Lignites avec ces couches peu connues; quand on a feint de croire qu'il mettait les Lignites du Soissonnais au-dessus des sables de Cuise; il s'agissait d'assises du Nord que ses contradicteurs ne connaissaient point.

« 4° Le Calcaire grossier, comme les couches précédentes, meurt en biseau vers l'escarpement des collines; il n'a jamais couvert les espaces où il manque, espace en général occupé aujourd'hui par les vallées. Il est disposé dans des bassins d'une étendue variable, d'une forme irrégulière et souvent bizarre, bassins dont les limites sont accusées par la forme des vallées actuelles. »

Ici, nous rompons complètement avec Melleville. Le Calcaire grossier s'est étendu largement, et sans doute possible sur toute la région considérée; la limite Nord est inconnue, mais nous savons par les coupes de Berru et de Ludes qu'il n'a guère dépassé Reims, vers l'Est, dans son facies marin. Les vallées actuelles n'ont rien à voir avec son dépôt, elles ont découpé sa masse suivant des lignes de pente et des collecteurs de fond aussitôt qu'elles l'ont atteint, et comme pour toutes les couches antérieures ou postérieures.

Ce qu'il y a lieu d'examiner, ce sont les observations erronées qui ont pu tromper Melleville; elles appartiennent à divers ordres de phénomènes, dont nous ne sommes maîtres que depuis un petit nombre d'années. Ce sont, en premier lieu, les différences de niveau, les ondulations de couches. Melleville partait de leur horizontalité à peu près parfaite, et s'étonnait de ne pas les rencontrer partout semblables à elles-mêmes, à la même altitude; ce sont ensuite les modifications que les agents atmosphériques font subir à toutes les roches, les modifications chimiques postérieures à leur dépôt. Le tufeau passant à l'état d'argile grise, le Calcaire grossier marin transformé en un sable jaune dolomitique, le sable blanc coquillier, devenu jaune, rouge, stérile. Le sable passant au grès, le calcaire réduit à une argile jaune ou verte, sans oublier les puits naturels, les effondrements produits par la circulation des eaux. Tous phénomènes de nature à dérouter les géologues des premières générations.

« 5° Les Sables moyens et le Calcaire lacustre reposent parallèlement et au même niveau sur le Calcaire grossier, sauf peut-être quelques exceptions; les Sables moyens flanquent, pour ainsi dire, le Calcaire lacustre et l'entourent de toutes parts; ils peuvent être regardés comme ayant formé dans l'origine les bords du bassin où se sont déposées les couches lacustres. »

La position du Calcaire lacustre de Saint-Ouen sur les Sables moyens n'est, en aucune manière, douteuse, et la contradiction de la dernière phrase avec les premières est manifeste; les études récentes ont montré combien le Calcaire de Saint-Ouen était lié aux Sables moyens, mais l'étendue des divers membres de ce système est variable. Melleville confondait plusieurs couches lacustres; il a pris souvent le Calcaire grossier supérieur à Lymnées pour du « Saint-Ouen ». Il a confondu les sables de Cresnes avec les Sables moyens.

De fait, les couches tertiaires du bassin de Paris n'ont ni la discontinuité morcelée que leur supposait Melleville, ni la continuité, invariable sur toute leur étendue, que leur attribuaient ses adversaires. Beaucoup d'observations manquent encore, mais nous devons à l'étude de la nature actuelle, à l'examen des couches aujourd'hui en voie de formation, des vues plus larges, des affirmations moins tranchantes : nous avons quitté la période de la systématisation pour entrer dans celle du vrai réalisme.

Si, abandonnant le théoricien, nous examinons la coupe de la colline de Laon, donnée par Melleville en 1860 (1), nous en trouvons le résumé suivant :

3e	étage des Sables inférieurs	et Argile	à lignites.
2e	—	—	—
1er	—	—	—

Son premier étage comprenait les sables de Bracheux et de Châlons-sur-Vesles et, comme argile, le tufeau inférieur argileux de Vaux, souvent

(1) *Bull. de la Soc. géol. de France*, 2e sér., t. XVII, p. 712.

noirci par la glauconie et transformé en argile plastique noire, par altération.

Son deuxième étage renfermait les Lignites du Soissonnais proprement dits et une partie des sables de Cuise.

Son troisième étage de sable et de Lignites groupait les sables de Cuise dans leur masse principale et l'argile grise, parfois noire, de la base du calcaire grossier, dite paniselienne par M. Gosselet. Sa coupe est supérieure à celle de d'Archiac; il reconnaît dans les sables rosés du bas de Laon, le niveau du sable de Rilly, et un faible niveau argileux à la Cuve Saint-Vincent lui permet d'intercaler exactement à sa place, dans la série sableuse de Laon, l'emplacement stratigraphique des Lignites.

La coupe de détail donnée de la masse des sables de Cuise n'offre que peu d'intérêt; on pourra la comparer à celle donnée récemment par M. Gronier (1); la continuité des zones distinguées n'est pas certaine et leur groupement reste à étudier.

Comme paléontologiste, Melleville n'avait pas, au début, les connaissances nécessaires; on sait comment il vint demander des leçons à Deshayes, qui, après l'avoir aidé dans le classement et la nomenclature de ses trouvailles, a voulu ensuite se les approprier en partie. Il en résulta une polémique des plus pénibles, à laquelle la science n'avait rien à gagner et qui ne tourna pas à l'avantage de Deshayes. Aujourd'hui, les paléontologistes s'accordent à restituer à Melleville la paternité des espèces décrites dans son Mémoire de 1843. Nous pensons qu'on trouvera quelque intérêt à un relevé de ces formes, dans lequel nous nous sommes efforcé de rechercher ce qu'elles sont devenues dans le tumulte de la nomenclature actuelle.

(1) *Ann. de la Soc. géol. du Nord*, t. XXIX, p. 320 (1900).

Nomenclature actuelle des coquilles décrites par Melleville, en 1843, dans son Mémoire sur les « Sables inférieurs du Bassin de Paris ».

B : Étage de Bracheux. — L : Étage des Lignites. — C : Étage de Cuise.

NOMS DE MELLEVILLE.	NOMS ACTUELS; SYNONYMES PRINCIPAUX.
Pholadomya margaritacea Sow. B.	= *Pholadomya virgulosa* Sowerby, *fide* Desh. = *Ph. Mellevillei* d'Orb.
— *plicata* Mell. B.	= *Lyonsia plicata* Mell. = *Pholadomya subplicata* d'Orb.
Panopæa remensis Mell. B.	= *Panopæa remensis* Mell.
Corbula Victoriæ Mell. C.	= *Cuspidaria Victoriæ* Mell. *sp.*
Lucina Argus Mell. C.	= *Lucina Argus* Mell.
— *radians* Mell., *non* Conrad 1842. C.	= *Mysia radians* Mell. *sp.*
Cyrena angustidens Mell. B.	= *Cyrena angustidens* Mell.
Cyrena orbicularis Mell., *non* Roemer 1837, B. C.	= *C. Lemoinei* Bayan = *C. suborbicularis* d'Orb. 1852, *non* Phil. 1845.
Cyrena intermedia Mell. B.	= Le même que *C. angustidens*, Cossmann, *fide.*
Cardium fragile Mell. B. C.	= *Cardium hybridum* Desh. 1835 = *C. subfragile* d'Orb. *non* Math. 1840.
Arca lævis Mell., *non* Math. B.	= *A. Mellevillei* d'Orb., espèce qui n'a été reprise, ni par Deshayes, ni par Cossmann.
Arca striatularis Mell. L.	= *Arca modioliformis* Desh. 1835 = *A. striatularis* Mell. *non* Desh.
Chama plicatella Mell. C.	= *Chama plicatella* Mell.
Modiola tenuistriata Mell., *non* Gold. C.	= Espèce dédoublée : *Arcoperna Mellevillei* d'Orb. *sp.* — *radiatula* Desh. *sp.*
Dreissensia antiqua Mell., *non* Schlot. B.	= *Mytilus subantiquus* d'Orb. = *M. tenuis* Desh.
— *serrata* Mell. C.	= *Septifer serratus* M. = *Mytilus Vaudini* Desh.
Pecten corneus Mell., *non* Sow. C.	= *P. Mellevillei* d'Orb. = *P. laudunensis* Desh.
Gryphæa eversa Mell. B.	= *Ostrea eversa* Mell.
Ostrea punctata Mell.. *non* Gmelin. B.	= *O. subpunctata* d'Orb.
— *rarilamella* Mell. C.	= *O. rarilamella* Mell.
Placuna solida Mell. C.	= *Semiplacuna solida* Mell.
Umbrella laudunensis Mell. C.	= *Umb. laudunensis* Mell.
Fissurella Minosti Mell. C.	= *Fissurella Minosti* Mell.
Pileopsis lævigatus Mell. *non* Brongt. Cal. gross.	= *Capulus squamæformis* Lamk., *fide* Cossmann.

Helix fallax Mell. *non* Say. B. = *Helix luna* Michaud = *H. subfallax* d'Orb.

Pupa elongata Mell. B. = *Megaspira exarata* Mich. *sp.* (*Pyramidella* 1838); *M. Rillyensis* Boissy.

Pedipes crassidens Mell. B. = *Traliopsis crassidens* Mell. (*Auricula dentiens* Desh.).

Melania tenuistriata Mell. *non* Gold. L. = *Bayania subtenuistriata* D'Orb. *sp.* = *M. cœlata* Desh.

— *curvicostata* Mell. L. = *Faunus curvicostatus* Mell.

Melanopsis buccinulum Mell. B. = *Mel. buccinulum* Mell. (incl. *Mel. sodalis* Desh.)

Paludina miliola Mell. L. = *Stenothyra miliola* Mell.

— *intermedia* Mell. L. = *Bithinella intermedia* Mell. (*G. Nematura*, *Hydrobia*, *Bithinia* auct.)

Neritina ornata Mell. *non* Sow. B. = *Neritina subornata* d'Orb. = *N. gratiosa* Desh.

— *vicina* Mell B. = *Neritina vicina* Mell. = *N. jaspidea* Desh.

Tornatella elegans Mell. *non* Sow. C. = *Actæon electus* Desh. = *Tornatella aizyensis* Desh.

— *biplicata* Mell. *non* Bronn. B. = *Tornatellæa parisiensis* Desh.

Pyramidella turella Mell. C. = *Turbonilla turrella* M.

— *nitida* Mell. C. = *Turbonilla nitida* Mell. *non Eulima*, [*G. Syrnola* Coss.].

Scalaria monilifer Mell. C. = *Scalaria monilifera* M. = *Sc. marginalis*, *S. obsoleta* Desh., *S. Lamarcki* Nyst. (*fide* Cossmann).

Solarium granulatum Mell. *non* Lamk B. C. = *Solarium subgranulatum* d'Orb.

Bifrontia Deshayesi Michaud, 1835, C. = *Bifrontia* (*Homalaxis*) *Deshayesi* Mich. *sp.*

— *monstruosa* Mell. C. ?

Turbo raristriatus Mell. C. = *Adeorbis raristriatus* Mell. = *Ad. nitidus* Desh.

Turritella marginulata Mell. C. = *Turr. marginulata* Mell. (à confirmer).

Cerithium tenuistriatum Mell C. = *Cerith. tenuistriatum* Mell.

— *cancellaroides* Mell. C. = *Mesostoma cancellaroides* M.

— *heteroclitum* Mell. *non* Lamk B. C. = *Cerithium intermissum* Desh.

— *canaliculatum* Mell. *non* Brug C. = *Cerith. prælongum*. Desh. [*G. Newtonella* Cossmann.]

— *sulcifer* Mell. C. = *C. sulcifer* Desh. [Idem.]

— *obtusum* Mell. *non* Lamk. C. = *C. subobtusum* d'Orb. [*G. Sandbergeria.*]

— *regulare* Mell. C. = *C. regulare* M. [*Sandbergeria.*]

Cerithium gibbosulum Mell. C. = *Cerith. gibbosulum* Mell. [*S. G. Fastigiella*, Reeve, 1848. *S. G. Melleviellia* Coss.]

— *granulosum* Mell *non* Basterot, C. = *C. catalaunense* Desh. [*G. Bittium*, Leach, 1847.]

Pleurotoma elegans Mell. *non* Defrance. = *Pleur.* (*Surcula*) *subelegans* d'Orb. *non* Desh. = *Pl. exornata* Desh.

— *tenuiplicata* Mell. C. = *Pleur. tenuiplicata* Mell. = *Pl. raricostulata* Desh., *P. tenuistriata*.

Pleurotoma affinis Mell. *non* Risso. C. = *P. subaffinis* d'Orb [non *Epalxis subaffinis* de Boury, espèce non reprise par Deshayes et Cossmann.]

— *lævigata* Mell. *non* Koninck. C. = *P. sublævigata* d'Orb. [*Cryptoconus*].

— *seminuda* Mell. Cal. gross. C = *Fusus angustus* Desh., *Pl. seminuda* Desh. *non* Anton. [*G. Ptychatractus* Coss.].

— *filifera* Mell. C. = *Pleur. filifera* Mell. (*Drilla*). *P. cancellata* Desh. (*pars*).

— *spirata* Mell. *non* Lamk. C. = *Pl. turrella* Lk., *Pl. pseudospirata* d'Orb., *Pl. acutangularis* Desh.

— *monilifer* Mell. *non* Lea C. = *Pl. Vaudini* Desh.

— *granulosa* Mell. *non* Bronn. C. = *Pl. subgranulosa* d'Orb.

Cancellaria Magloirei Mell. C. = *Canc. Magloirei* Mell. [*G. Plesiocerithium* Coss.].

Fusus Mariæ Mell. B. = *Siphonalia Mariæ* Mell. *sp.*

— *angusticostatus* Mell. C. = *Siphonalia angusticostata* Mell. *sp.* (*Fusus subscalarinus* Desh.)

— *planicostatus* Mell. B. C. = *Siph. planicostata* Mell.

— *affinis* Mell. C. = *Latirus subaffinis* d'Orb.

Pyrula intermedia Mell. B. = *Pirula intermedia* Mell. = *Ficula Smithi* Desh., *non* Sow.

Murex foliaceus Mell. C. = *Murex foliaceus* Mell. *non* Desh.

Triton Lejeunei Mell. C. = *Sassia Lejeunei* Mell. *sp.* = *Triton Bazini* de Raine.

Rostellaria lævigata Mell. *non* Sow. C. = *Rostel. sublævigata* d'Orb. [sect. *Cyclomolops* Gabb.].

Buccinum arenarium Mell. B. = *Douvilleia arenaria* Mell. = *Ampullaria problematica* Desh.

— *granulosum* Mell. *non* Sow. L. = *Tritonidea lata* Sow. (*Murex*). Identification nouvelle.

— *bicorona* Mell. B. = *Cominella bicoronata* Mell. = *Buccinum quæstum* Desh.

Terebra minuta Mell. C. = *Turbonilla minuta*. Mell. [Deshayes dit n'avoir pu se le procurer.]

Cypræa acuminata Mell. C. = *Ovula acuminata* Mell. *sp.* (*O. Vibrayei* de Raine. ?)

Conus bicoronatus Mell. C. = *Conus bicoronatus* Mell. [non retrouvé par Deshayes].

Sur ces soixante-dix-huit espèces, il y en a quarante-trois qui gardent le nom spécifique donné par Melleville; mais, pour le plus grand nombre, le nom générique a dû être changé. Pour trente autres espèces, il a fallu changer le nom spécifique comme ayant été donné précédemment à une forme différente, par un auteur plus ancien. Un très petit nombre d'espèces qui n'ont pu être identifiées, font double emploi, ou appartiennent à d'autres auteurs. Et il s'agit bien d'une contribution importante à l'étude paléontologique des Sables inférieurs.

CINQUIÈME JOURNÉE. — LUNDI, 12 AOUT 1901.

Excursion à Craonne et à Pargnan.

Partis vers 7 heures de l'*Hotel de la Gare*, nous allons explorer la région Sud-Est des environs de Laon. Nous passons par le bourg de Bruyères : c'est une très ancienne localité entourée de murs et possédant de vieilles églises romanes.

Nous mettons pied à terre à Parfondru et montons un chemin creux vers le moulin de Monchâlons.

Au bas apparaît le sable de Cuise (alt. 105 mètres); plus haut, il y a du *Paniselien* éboulé, et une sablière dans le niveau de Cuise nous montre la coupe suivante (alt. 145 mètres) (Voir pl. XI, *Carte*, n° 39) :

1. Sable argileux, traversé de linéoles de glauconie	2m,00
2. Sable fin avec quelques lits à *Turritella Solanderi*. . . .	4m,00
3. Sable argileux glauconifère.	0m,50
4. Sable fin	1m,00

Dans la couche n° 2, M. *G. Ramond* a recueilli les espèces suivantes :

Arca obliquaria Desh.
— *modioliformis* Desh.
Cardita Prevosti Desh.
Collonia marginata Lamk. *sp.*
Homalaxis laudunensis Desh. *sp.*
Turritella hybrida Desh.
Clavilithes parisiensis Mayer.
Pleurotoma terebralis Lamk.
Nummulites planulata d'Orb.

Plus haut, à 171 mètres d'altitude, le *Paniselien* se trouve au niveau du chemin; il est décelé par un niveau d'eau.

Vers 188 mètres, un autre chemin nous donne un panorama très étendu sur la colline de Laon et la plaine environnante. Nous ramassons dans ce chemin : *Natica parisiensis; Cerithium echinoides; C. (Potamides) cristatum; C. denticulatum; Sphenia angusta; Lucina saxorum*, espèces caractéristiques du Calcaire grossier supérieur.

Cette couche, représentée par plusieurs niveaux fossilifères, n'est pas, selon M. *Mourlon*, connue en Belgique, mais pourrait bien correspondre à la couche sableuse, sans fossiles, de 2 mètres, séparant le *Ledien* du *Wemmelien* sur la rive droite de la Senne, aux environs de

Bruxelles. Au point culminant, à 198 mètres, des cailloux disséminés dans le chemin sont rapportés par M. *Gosselet* au sable de Beauchamp ; plus bas affleure du sable argileux, rapporté par M. *Mourlon* à l'*Asschien* ou au *Wemmelien;* ce sable est surmonté de cailloux et de terre végétale. L'assimilation ci-dessus indiquée reste douteuse pour les autres géologues belges.

Près de Festueux, M. *Gosselet* nous signale la présence d'une carrière dans le calcaire à *Lucines.*

Près du village d'Aubigny, à Maison-Rouge, à 196 mètres, du côté occidental de la route de Reims à Laon, une coupe nous montre, en commençant par le haut :

1. Calcaire blanchâtre à Lucines et à Milioles.
2. « Banc Saint-Jacques » à *Ditrupa strangulata.*
3. « Pain de Prussien », base du Calcaire grossier, avec des sables et graviers. Glauconie grossière à *Nummulites lævigata,* etc.
4. Argile (paniselienne ?) déterminant un niveau aquifère.
5. Sable de Cuise à *Nummulites planulata* et à *Turritella* (silicifiés).

M. *G. Ramond* reconnaît les fossiles suivants dans la couche n° 5 :

Corbula regulbiensis Morris.
Cardita Prevosti Desh.
Arca obliquaria Desh.
Natica epiglottinoides Desh.
Ampullina paludiniformis Desh. *sp.*
Homalaxis laudunensis Desh. *sp.*
Turritella hybrida Desh.
Volutilithes elevatus Desh. *sp.*
Ancilla arenaria Coss.
Raphitoma attenuata d'Orb. *sp.*
Bullinella Bruguierei Desh. *sp.*

Toutes ces couches penchent assez sensiblement au Sud vers Corbeny.

M. *Rutot* identifie la base de la couche 3 avec le gravier de base du Bruxellien à Autgarden, au Sud de Tirlemont. Près de Craonne, à 118 mètres d'altitude, la coupe d'une sablière montre 3 à 4 mètres de sable landenien avec grès mamelonnés montrant, d'après M. Rutot. le passage du faciès Landenien supérieur fluvio-marin au Landenien inférieur marin. Cette couche repose directement, d'après M. *Gosselet,* sur la craie, et elle est surmontée de 50 centimètres de sable jaune, grossier, avec lits d'argile noire, le tout recouvert de Quaternaire, avec une épaisse couche de cailloux à la base. Plus haut, sur le talus de la route, on voit des couches d'argile noire, ligniteuse, avec alternance de sable.

Après avoir fait honneur au repas préparé à Craonne, les membres de l'excursion se remettent en route, et à la cote 170 mètres, une carrière au-dessus du bourg s'offre à notre attention; quelle n'est pas notre surprise d'y découvrir un beau sable blanc, quartzeux, légèrement glauconifère, qu'on n'hésiterait pas à prendre, à première vue, pour du Bruxellien. Mais M. *Gosselet* n'a pas de peine à nous détromper en nous montrant son intercalation dans le sable de Cuise.

Le sable blanc en question présente à sa partie supérieure une argile grise schistoïde, et à un niveau supérieur à celui de la carrière, dans un chemin creux, à 176 mètres d'altitude, M. *Gosselet* nous montre le « pain de Prussien », base du Calcaire grossier, qui se développe nettement au-dessus.

Plus haut encore un facies particulier du banc à vérins nous est montré par M. *Gosselet;* nous y trouvons un *Corbis*, mais pas de Nummulites.

Plus haut affleure le Calcaire grossier supérieur, et un trou, ayant donné de l'eau, décèle la présence de l'argile de Saint-Gobain. Plus loin, au moulin de Vaucler, qui est sur l'argile de Saint-Gobain, nous ramassons des morceaux de grès de Beauchamp, et M. *Leriche* nous montre une plaque à *Potamides lapidum*, silicifié.

Au village de Paissy, on voit le Calcaire grossier supérieur avec faune d'eau douce et fluvio-marine qu'on peut subdiviser comme suit :

1° **Espèces lacustres ou fluviatiles de Paissy** (Calcaire grossier supérieur).

Limnæa elata.
— *Bervillei.*
Planorbis pseudo-ammonius.
— *paciacensis.*
— *Chertieri.*

2° **Espèces fluvio-marines** :

Hydrobia nitens.
— *conulus.*
Tympanotomus denticulatus.
Potamides lapidum.
Batillaria echinoïdes.
Cerithium? tricarinatum.
Ampullina parisiensis.
Sphenia rostrata.

Un des côtés du vallon, tourné vers le Sud, a été exploité, et les anciennes carrières sont habitées par des paysans; c'est le second exemple de troglodytisme que nous voyons au cours de la session.

A Pargnan, M. *Leriche* nous montre le Calcaire grossier supérieur avec faune d'eau douce (Limnées, Planorbes, etc.), dont il a fait ailleurs l'objet d'une Note spéciale (1). La coupe nous montre, de bas en haut :

1. Calcaire à vérins.
2. Calcaire à Orbitolites.
3. Calcaire à Potamides avec bancs à lignites.
4. A un niveau supérieur (rep. 53) et en dehors de la carrière, on voit un calcaire lacustre à *Cerithium lapidum* et à *Limnées* réunis.

M. *G. Dollfus* fait observer que ces couches ligniteuses, lacustres, du Calcaire grossier supérieur sont rarement aussi bien caractérisées : elles occupent un synclinal et forment une bande transversale. Dans d'autres synclinaux transversaux plus au Sud, les mêmes couches sont développées; notamment à Paris et à Vaugirard, on a signalé, il y a plus de quarante ans, des argiles ligniteuses à *Vivipara* et à *Physa* dès la base du Calcaire grossier supérieur.

Ces couches ne semblent pas être représentées en Belgique.

Nous revenons à Laon par des routes plantées de pommiers et le long desquelles de grandes fermes viennent de temps à autre animer la monotonie du plateau.

Le soir, M. *G. Dollfus* entretient la Société de la structure tectonique de la région.

Tectonique du Laonnais, par M. G.-F. Dollfus.

La disposition générale des couches dans le Laonnais n'est pas compliquée; cette région fait partie de la berge Nord du synclinal de la Somme. On sait que la vallée de la Somme trace dans le Nord de la France un sillon de première importance, dans lequel la dénudation a enlevé presque toute la couverture tertiaire, depuis la mer jusqu'à Roye. Je n'ai pas correctement représenté la marche à l'Est, dans la région tertiaire, de ce synclinal dans mon travail de 1890, je l'ai descendu bien

(1) Leriche, *Le Lutétien supérieur aux environs de Pargnan (Aisne)*. (Ann. Soc. Géol. du Nord, t. XXX, pp. 193-196, 30 mai 1900.)

trop bas. Dans ma note de 1900, j'ai commis une autre inexactitude en faisant passer l'anticlinal de la limite Nord dans la plaine au Sud de Laon, ayant été trompé par l'ancienne Carte géologique. En réalité, toutes les couches que nous avons observées sont sur un plan monoclinal et inclinées du Nord vers le Sud. Nous n'avons constaté ni changement de pente au Nord, ni remontée des couches dans le Sud, vers l'axe de Margny lez-Compiègne. Non seulement les couches plongent au Sud, mais elles s'épaississent dans cette direction; beaucoup prennent naissance dans cette région descendante; cependant la pente de la craie est si forte que ces divers éléments ne réussissent pas à masquer le plongement de tout l'ensemble. Une coupe de Chauny à Laon peut donner une idée de cette disposition générale, bien qu'elle ne soit pas dirigée suivant la ligne de plus grande pente. (Voir fig. 13.)

Les sables de Bracheux varient peu. Mais les marnes de Sinceny-Rilly n'atteignent pas Laon. Les Lignites, qui dépassent 12 mètres à Sinceny, ne sont représentés à Laon que par des couches de quelques mètres d'épaisseur. Les sables de Sinceny s'arrêtent en route et sont inconnus à Laon.

Le Paniselien et le calcaire grossier s'amincissent en s'élevant, et je puis dire que mes études de détail sur le Tertiaire m'ont conduit aux mêmes conclusions que celles formulées par M. *Gosselet* à la suite de ses recherches sur les sables phosphatés de la craie sénonienne : à savoir, que les plissements du sol ont été continus, se sont répétés sensiblement à la même place, que le travail de la contraction terrestre a marché concurremment avec le travail de dénudation des anticlinaux et de remplissage des synclinaux.

Je dois ajouter que tout l'ensemble du bassin se relève également vers l'Est, et que son axe général doit être considéré comme orienté du Nord-Est au Sud-Ouest, perpendiculairement aux crêtes transversales de plissement, qui sont dirigées du Nord-Ouest au Sud-Est.

Sixième journée. — Mardi 13 août 1901.

Excursion à la Fère.

Partis vers 8 heures de l'*Hôtel de la Gare*, nous traversons la plaine qui s'étend au Nord de Laon.

La Craie n'y est recouverte que par des dépôts fort réduits, et nous la voyons apparaître à Besny, où une carrière nous la montre surmontée

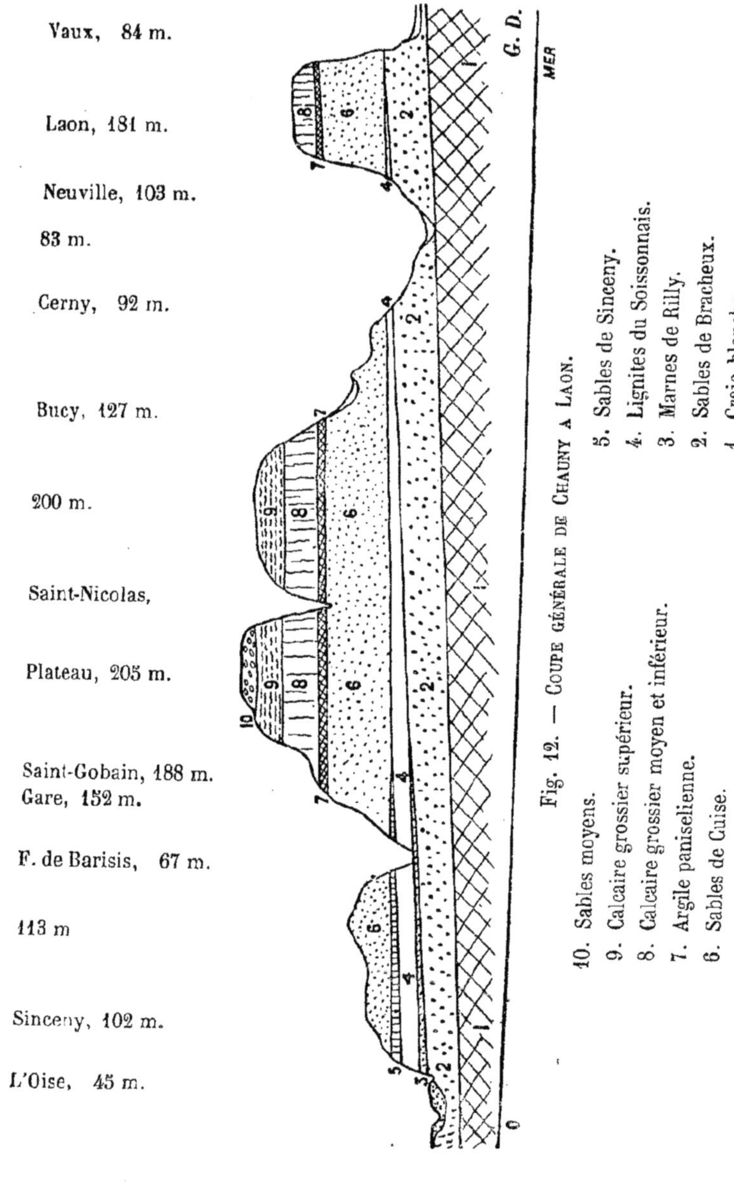

Fig. 12. — Coupe générale de Chauny a Laon.

d'un dépôt qui a souvent intrigué M. *Gosselet*, et qu'il rapporte à un faciès du tufeau landenien.

M. *G. Dollfus* n'est pas de cet avis, et il fait remarquer que l'aspect anormal de cette craie est dû à une dolomitisation de la partie supérieure du dépôt, sur à peu près 3 mètres de hauteur.

En cherchant dans la partie dolomitisée, M. *E. Van den Broeck* y trouve une Térébratule.

Plus loin, à Couvron, apparaît la craie à Bélemnites, remplie de Foraminifères transformés en calcite.

A Monceau-les-Leups, une magnifique carrière montre de 6 à 7 mètres de sable blanchâtre, rapporté au Landenien inférieur, surmonté de lits caillouteux, avec sables, épais de 2 mètres.

M. *Gosselet* place ces lits caillouteux dans le Landenien, sans leur attribuer une importance stratigraphique quelconque; il les considère comme des accidents littoraux.

M. *Rutot* accorde, au contraire, à ces lits caillouteux une importance considérable; il y voit l'indication d'un changement de régime, et c'est au niveau caillouteux qu'il place sans hésiter la limite entre le Landenien inférieur marin et le Landenien supérieur, fluvio-marin. Un cailloutis semblable existe en Belgique, et dans le levé de la Carte géologique, il a toujours eu soin d'y placer la limite des deux Landeniens chaque fois qu'il est visible.

Remarqué, en passant dans le village, deux grès, dont l'un portait la contre-empreinte des cailloux de l'autre.

Au Nord du village, un chemin creux, vers la cote 115, nous montre du sable blanc, meuble, avec une profusion extraordinaire de cailloux, et M. *Gosselet* fait remarquer que les cailloux sont au-dessous du sable.

M. *Rutot* y voit la confirmation de son observation précédente.

Près de Versigny, une carrière offre une coupe semblable à celle de Monceau-les-Leups, et dont M. G. Dollfus nous fournit le croquis reproduit à la page ci-après (fig. 15).

Pour M. *Gosselet*, toute la masse sableuse est d'origine marine, tandis que MM. *Rutot* et *Van den Broeck* n'admettent comme marines que les couches comprises dans le gravier n° 5. M. *G. Dollfus* admet que les couches n°s 5 et 6 forment la partie inférieure de l'étage des Lignites. M. *Rutot* partage entièrement cet avis. M. *Gosselet* ajoute que les grès blancs vus à Monceau-les-Leups sont exploités vers l'Ouest à une altitude plus élevée.

Entre Rogecourt et Danizy, à l'altitude de 82 mètres, M. *Gosselet* nous montre à la surface du sol des cailloux roulés de silex qu'il rapporte au diluvium. M. *Rutot* croit cette interprétation douteuse, car aucune observation n'a été faite en profondeur.

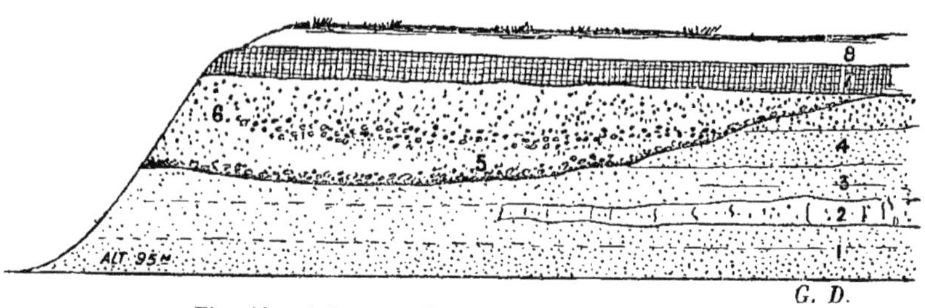

Fig. 13. — COUPE A VERSIGNY (ROUTE DE LA QUEUE).

8.	Limon décalcifié	0m,80
7.	Limon argileux, dur	0m,80
6.	Sable gris et blanc, un peu gros, galets noirs en amas ou disséminés .	4m,00
5.	*Ravinement.* Sable très grossier, silex noirs très roulés.	
4.	Sable glauconifère, assez gros, vert	2m,00
3.	Sable glauconifère, fin, grisâtre	
2.	Sable argileux passant au tufeau	0m,30
1.	Sable blanc, fin, peu glauconifère	1m,80

(Les couches 1 à 4 appartiennent aux sables de Bracheux.
Les couches 5 et 6 forment la partie inférieure des Lignites.)

Près de La Fère, une belle carrière nous montre la coupe typique suivante :

1.	Tufeau glauconifère très cohérent.	3m,00
2.	Craie à stratification très uniforme, largement perforée à la partie supérieure	5m,00

M. Dollfus nous donne ci-après le détail de cette partie supérieure.

Le tufeau de La Fère renferme en assez grande abondance des moules internes de *Cyprina lunulata* Desh. (*Anim. sans vert. Bass. de Paris*, pl. XXXV, fig. 19-21), qui ne diffère que bien peu du *C. scutellaria* de Bracheux ; nous y avons trouvé également une forme plus petite qu'on pourrait assimiler à *Cyprina Morrisi* du Thanetien du Nord de la France et de l'Angleterre.

Les perforations de la craie sont, en outre, occupées par le moulage d'un acéphale perforant très curieux, qui a été nommé par Deshayes *Teredina Heberti*. Cette forme a été supprimée, un peu hâtivement peut-être, par M. *Cossmann*, dans son travail de revision des Coquilles fossiles de l'Éocène du bassin de Paris; certainement, il n'en a pas eu d'échantillon entre les mains. Ces moules présentent, en effet, des traces de sillons obliques croisés, des parties lisses, un étranglement supérieur, qui permettent de classer assez exactement l'animal; ce n'était pas un *Teredina*, mais un *Pholadidæ* appartenant au genre *Scutigera* ou au genre *Martesia*. (G. D.)

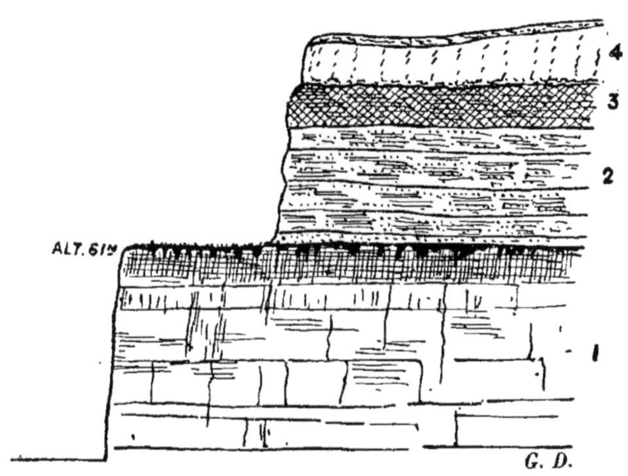

Fig. 14. — Coupe a La Fère, faubourg Notre-Dame, près Danizy.

4.	Limon argileux	1m,10
3.	Argile verdâtre, grenue, non stratifiée (tufeau altéré) . .	1m,00
2.	Tufeau. Sable argileux et calcareux d'un bleu verdâtre, stratifié, fossilifère (couche à Arctocyon)	3m,00
1.	Craie blanche, assez dure, en bancs solides, sans silex. Ravinée à la surface et perforée par des lithophages; visible sur	5m,00

C'est le niveau correspondant au tufeau de La Fère qui a fourni les débris de l'important vertébré nommé *Arctocyon*.

Après le déjeuner, nous visitons, à l'Ouest et en dehors de la ville, au Faubourg-Saint-Firmin, une grande ballastière montrant la coupe suivante :

1.	Sable avec quelques cailloux	0m,75
2.	Sable avec cailloux nombreux	0m,30
3.	Tufeau de La Fère	3m,00

M. *Rutot* identifie le tufeau de La Fère au tufeau landenien de Chercq, près de Tournai. D'autre part, il rapporte le diluvium caillouteux surmontant le tufeau au Moséen des bas niveaux de Belgique, à industrie « reutelo-mesvinienne ». Il ramasse, en effet, un certain nombre de silex utilisés, caractéristiques de cette industrie.

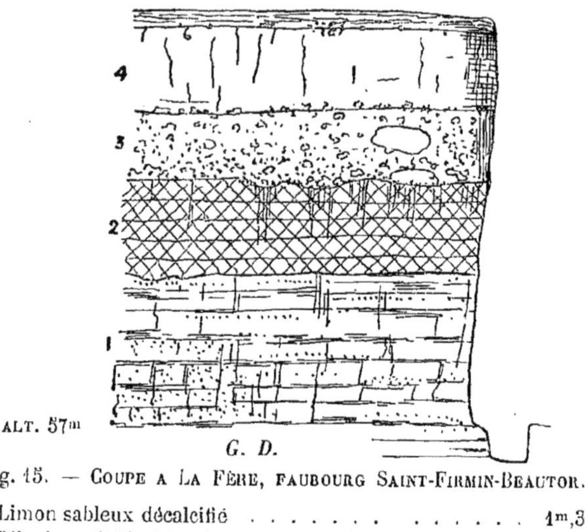

Fig. 15. — COUPE A LA FÈRE, FAUBOURG SAINT-FIRMIN-BEAUTOR.

4. Limon sableux décalcifié	1m,30
3. Diluvium. Sable blanchâtre avec graviers roulés et blocs de grès souvent très gros. — Silex dits utilisés	0m,45
2. Argile jaunâtre (tufeau altéré).	0m,90
1. Tufeau normal; alternance de lits calcaires durs et de lits sableux tendres	2m,10

Craie blanche à une faible profondeur.

Nous rentrons en voiture à Laon; pendant le retour, M. *Rutot* nous expose ses idées sur les « silex utilisés » représentant les industries primitives.

Selon lui, ces industries sont basées sur l'emploi direct, au martelage ou au raclage, des rognons bruts ou des éclats naturels de silex.

Les percuteurs se reconnaissent aisément aux étoilures produites par le martelage.

Quant aux éclats naturels d'éclatement des silex, les tranchants vifs ont été utilisés au raclage et, comme ces arêtes s'émoussent rapidement, elles ont été ravivées par une série de petits éclats enlevés, au moyen d'un autre silex, le long du bord. C'est cette opération d'avivage des arêtes émoussées qui a reçu le nom de *retouche*.

SEPTIÈME JOURNÉE. — MERCREDI 14 AOÛT 1901.

Étude des sablières de Cernay et de Berru, près Reims.

Nous prenons le train à Laon pour Reims. La ligne du chemin de fer traverse une grande plaine de craie qui s'étend au Nord de cette dernière ville, en s'élevant lentement vers l'Ardenne.

Nous arrivons à Reims vers 9 heures et montons aussitôt en voiture pour Cernay, accompagnés de M. Thévenin, du Museum de Paris, cet établissement scientifique étant actuellement possesseur du gisement fossilifère autrefois fouillé par le Dr Lemoine.

De Reims à Cernay, nous parcourons la même plaine de craie.

Nous traversons Cernay et descendons de voiture près de la borne 41 de la grand'route passant par ce village, et prenons un chemin descendant du côté septentrional de la route.

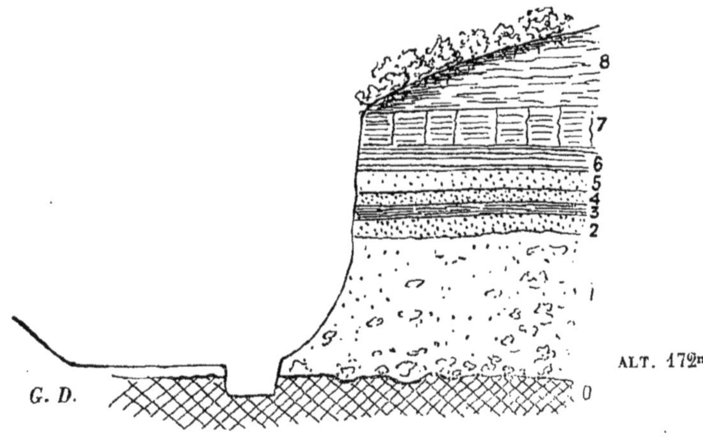

Fig. 16. — COUPE A LA MONTAGNE DE BERRU, CERNAY LEZ-REIMS (FOUILLE DU Dr LEMOINE).

8. Argile plastique, grise, altérée	1m,00
7. Argile dure, stratifiée, gris bleuâtre	1m,00
6. Argile brune, grossièrement feuilletée	0m,40
5. Sable jaune assez grossier	0m,20
4. Sable grossier, roux	0m,12
3. Sable ligniteux, avec lits noirs, très fins	0m,18
2. Sable grossier, roux, fossilifère	0m,30
1. Sable gros et fin, à stratification oblique contenant de nombreux débris de nature variée : ossements, coquilles, galets calcaires, galets de silex. (*Gîte Lemoine.*)	4m,00
0. Craie blanche au-dessous.	

Remontant quelque peu en nous engageant sous bois, nous ne tardons pas à arriver à la fouille qui a fourni jadis au docteur *Lemoine* sa célèbre faune de vertébrés de l'Éocène inférieur.

Nous y relevons la coupe représentée par la figure 16.

Chacun se met aussitôt à chercher avec ardeur, et bientôt les fossiles, mollusques et vertébrés annoncés, sont découverts.

Les vertèbres de Champsosaure paraissent assez abondantes.

De l'autre côté de la route, à une cinquantaine de mètres de celle-ci et à une dizaine de mètres plus haut, une autre carrière nous donne la succession des couches suivantes :

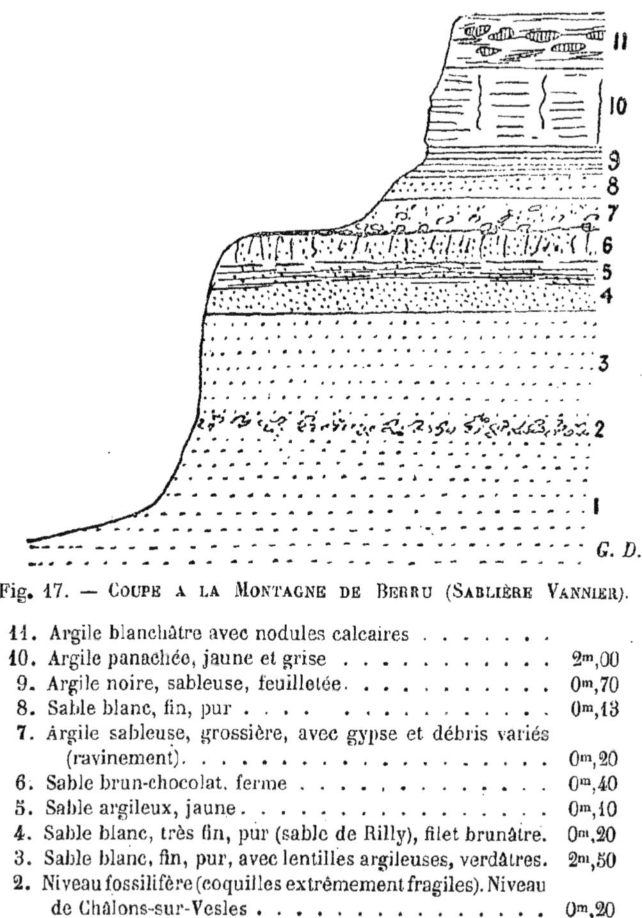

Fig. 17. — Coupe a la Montagne de Berru (Sablière Vannier).

11.	Argile blanchâtre avec nodules calcaires	
10.	Argile panachée, jaune et grise	2m,00
9.	Argile noire, sableuse, feuilletée	0m,70
8.	Sable blanc, fin, pur	0m,13
7.	Argile sableuse, grossière, avec gypse et débris variés (ravinement)	0m,20
6.	Sable brun-chocolat, ferme	0m,40
5.	Sable argileux, jaune	0m,10
4.	Sable blanc, très fin, pur (sable de Rilly), filet brunâtre	0m,20
3.	Sable blanc, fin, pur, avec lentilles argileuses, verdâtres	2m,50
2.	Niveau fossilifère (coquilles extrêmement fragiles). Niveau de Châlons-sur-Vesles	0m,20
1.	Sable blanc, fin, pur, sans stratification visible	2m,00

Rebroussant chemin vers Reims, nous visitons encore, du côté Sud de la route, une autre carrière dans des couches analogues.

La coupe de cette carrière est la suivante :

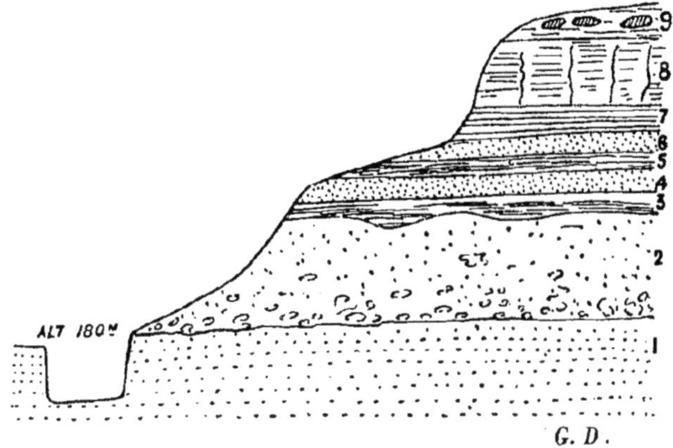

Fig 18. — COUPE A LA MONTAGNE DE BERRU (SABLIÈRE DES VOYEUX).

9.	Argile brune, avec concrétions ferrugineuses.	0m,40
8.	Argile grise, substratifiée, pure.	1m,20
7.	Argile feuilletée, ferrugineuse	0m,60
6.	Sable jaunâtre, grossier	0m,20
5.	Sable argileux, noirâtre, ligniteux.	0m,18
4.	Sable roux, grossier, passant à la couche 3.	0m,50
3.	Argile grisâtre, impure, avec débris variés	
2.	Sable gris, un peu argileux, grossier, avec débris ossifères très abondants, coquilles remaniées, cailloux calcaires, galets (Conglomérat) [ravinement]	1m,60
1.	Sable blanc, fin, pur (sable de Rilly)	1m,00

La position de la FAUNE CERNAYSIENNE a donné lieu à beaucoup de controverses, et nous ne pouvons faire mieux que de céder la parole à l'un de nous, qui a déjà publié un résumé des résultats de l'excursion.

M. *G. Dollfus* (1) dit : « Une autre constatation depuis longtemps réclamée, et qu'on peut considérer cette fois comme définitive, est celle relative à la position du *Conglomérat ossifère de Cernay lez-Reims*, qui a fourni au docteur *Lemoine* une si belle faune de vertébrés. Ce conglomérat est situé indiscutablement à la base de l'argile plastique des Lignites. Il ravine tantôt la craie, tantôt les sables de Châlons-sur-Vesles, dont il a remanié les fossiles; il renferme égalemement des

(1) *Feuille des Jeunes Naturalistes*, 4e série, no 372, 1er octobre 1901.

débris fossilifères du calcaire de Rilly roulés. Il est surmonté par la série normale des Lignites. Cette constatation résulte, non seulement de l'examen de la fouille typique du docteur *Lemoine* et de nombreuses carrières voisines, maintenant ouvertes; mais nous avons eu la bonne fortune de retrouver le conglomérat de Cernay avec son cortège de sables, de galets et de débris, au sommet de la grande carrière de sables blancs fossilifères de Châlons-sur-Vesles, dans une position caractéristique. »

M. *Rutot* est absolument de l'avis de M. Dollfus : il est incontestable, pour lui, que le conglomérat ossifère de Cernay représente exactement la base du Landenien supérieur de Belgique. Ce conglomérat repose en toute évidence sur les sables d'émersion (*L1d*) du Landenien inférieur marin, et il est surmonté par les couches à facies fluvio-marin.

Stratigraphiquement, cette coupe est analogue à celle d'Erquelines, à la frontière franco-belge. Là, on voit le Landenien supérieur à facies fluvio-marin, avec important cailloutis à la base, ravinant les sables glauconifères du Landenien inférieur marin, qui eux-mêmes reposent sur la craie blanche.

Paléontologiquement, les différences résident en ce qu'à Cernay, tous les restes de vertébrés ont été recueillis dans le conglomérat, alors qu'à Erquelines, c'est le Landenien marin qui renferme, *in situ*, les Champsosaures et les Tortues marines, tandis que les vertébrés terrestres (*Coryphodon*, etc.) se rencontrent dans les sables fluviaux surmontant le gravier. Quant au gravier séparatif, il renferme une grande quantité de fossiles, les uns qui lui sont propres, les autres remaniés du Landenien inférieur et du Crétacé sous-jacent.

Nous retournons déjeuner à Reims et partons vers 13 heures pour Châlons-sur-Vesles et Chenay.

En passant par le village de Champigny, une fouille dans le Quaternaire nous montre 4 mètres de diluvium, surmonté de 4 mètres d'ergeron.

La base du Quaternaire repose sur la craie.

Nous arrivons bientôt à Châlons-sur-Vesles, où nous voyons une coupe magnifique faite au travers du Landenien inférieur.

En montant à Chenay, on trouve deux niveaux de grès dans un sable blanc sans fossiles; d'après M. *Gosselet*, leur position stratigraphique est la même que celle des sables fossilifères de Châlons et nettement inférieure au conglomérat de Cernay.

La coupe en descendant de Merfy serait aussi fort intéressante à étudier.

Les espèces les plus abondantes à Châlons-sur-Vesles, d'après les récoltes de M. Ramond, sont les suivantes :

Corbula regulbiensis Morris.
Euzepa (*Pisidium*) *Denainvilliersi* Boissy.
Nemocardium (*Protocardium*) *Edwarsi* Desh. sp.
Lucina uncinata Defrance.
— *prona* Desh.
— *subtrigona* Desh.
Axinaea (*Pectunculus*) *terebratularis* Lk.
Mytilus subantiquus d'Orb.
Mytilus tenuis.
Ostrea eversa Mell.
Neritina vicina Mell
Turritella bellovacensis Desh.
Cerithium (*Bittium*) *catalaunense* Desh.
Pseudoliva fissurata Desh.
Pleurotoma Laubrierei Cossm
Tornatella parisiensis Desh sp.

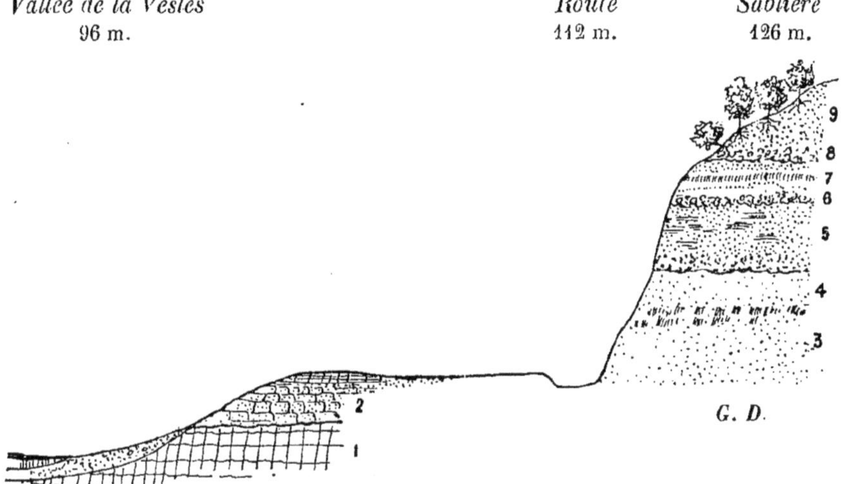

Fig. 19. — COUPE A CHALONS-SUR-VESLES.

9. Sable verdâtre, glauconifère, à stratification oblique. Visible sur 2m.50
8. Sable avec cailloux très variés; conglomérat supérieur. 0m,40
7. Sable argileux calcarifère, solide, avec débris végétaux 2m,00
6. Sable et argile avec cailloux calcaires, cailloux d'argile, fossiles remaniés . 0m,20
5. Sable ligniteux à linéoles fines, stratifié, gris et roux : *c.* argile schistoïde noire; *b.* sables violacés; *a.* graviers noirs. 3m,50
4. Sable blanc verdâtre. 1m,50
3. Sable blanc jaunâtre, très fossilifère ; visible sur 3m,00
2. Grès-tufeau à *Ostrea eversa*, végétaux, blocs durs et tendres. Visible sur. . 4m,00
1. Craie blanche (dans une petite fouille en contre-bas) . . . .

Nous rentrons à Reims, où les membres de l'excursion se séparent, en se félicitant de l'occasion d'avoir pu discuter sur le terrain, ce qui facilite toujours la solution des problèmes les plus délicats et permet de fructueux échanges d'idées; ils se félicitent encore de la bonne camaraderie qui n'a cessé de régner entre eux, et l'on se donne rendez-vous en Belgique pour que les géologues français puissent y voir à leur tour les représentants belges des terrains observés pendant le cours de cette session.

M. *G. Dollfus* communique pour le compte rendu la Note suivante sur les Sables de Rilly, dont la position est maintenant bien déterminée, et il en fait l'historique.

Les Sables de Rilly-la-Montagne, près de Reims,
par M. G. Dollfus.

Je crois utile de saisir cette circonstance pour faire l'historique de la question des sables et calcaire de Rilly, qui a occupé pendant quarante ans et plus tant de géologues. La mort de Hébert a libéré la question et nous pouvons dire, maintenant, la vérité tout entière. Nous pouvons parler de cette erreur énorme qui a pesé si lourdement et pendant si longtemps sur la géologie parisienne, et dont les effets indirects se font encore sentir.

Ce n'est pas pour accabler Hébert que nous ferons cet exposé, mais c'est pour en tirer divers enseignements utiles et des principes de prudence et de tolérance, dont il importe de ne jamais se départir.

L'origine de la discussion sur la classification à attribuer aux sables blancs et purs qu'on voit à Rilly remonte à des observations faites par Hébert en 1847 et 1848, sur la bordure Est du Tertiaire parisien à Montereau, Provins, Sézanne, Vertus, Épernay et Reims, et communiquées à la Société géologique de France (1) — observations destinées à combattre l'hypothèse émise par M. Raulin sur la contemporanéité possible des sables glauconifères et du calcaire pisolithique, calcaire classé comme Tertiaire par Élie de Beaumont et rapporté au Crétacé par Hébert.

Hébert avait observé à Sézanne un calcaire tufacé, renfermant les

(1) *Bull. Soc. géol. de France*, 2e série, t. V, p. 388. [Rien, dans les travaux antérieurs sur la région, ne pouvait faire prévoir une difficulté à Rilly. Le géologue N. Rondot, dans son *Étude géologique du pays de Reims*, donne une coupe très exacte de Rilly, et rapproche très exactement les sables qu'on y voit de ceux de Châlons-sur-Vesles. (*Ann. Acad. Reims*, t. I, p. 209, 1842-1843.)]

mêmes coquilles terrestres que celles décrites par de Boissy dans le calcaire de Rilly, près de Reims, et il vit, par l'étude de la région entre Sézanne, Épernay et Reims, que le calcaire à *Physa gigantea* était indépendant et inférieur aux Lignites, et qu'il était lié, vers Reims, à des sables blancs sans fossiles. Et il concluait (*loc. cit.*, p. 406) :

« En rapprochant ces faits de la superposition constamment immédiate des sables blancs de Rilly sur la craie, celle des Lignites sur le calcaire lacustre, et la subordination habituelle des argiles à lignites à la glauconie inférieure, je n'hésite pas à dire que celle-ci est postérieure. »

On voit très bien par ces lignes que l'auteur n'a pas visité Chenay, Jonchery, etc., que Rilly a été le terme Nord de ses explorations, et qu'il a accepté pour les localités au delà de Reims les idées courantes d'Élie de Beaumont, de d'Archiac, etc., qui pensaient alors que les sables de Jonchery, Châlons-sur-Vesles, etc., étaient *supérieurs aux Lignites*.

Il n'a pas prolongé assez loin au Nord ou à l'Ouest ses recherches, et il les a arrêtées malheureusement juste à l'endroit critique de la question. Reliant mal la série qu'il connaissait avec celle qui existait un peu plus loin, il ajoutait : « Si le phénomène de transport dont les effets se montrent à Sézanne est, comme cela est probable, celui qui a raviné en même temps la craie et le calcaire pisolithique, ainsi qu'on le voit à Port-Marly et à Bougival, aussi bien qu'à Montereau, l'existence du lac de Rilly est antérieure à ce phénomène (1). »

Il y a confusion entre deux ravinements au moins, le ravinement dans l'Est du calcaire pisolithique et de la craie avant les sables de Bracheux, puis le ravinement du conglomérat de Cernay, après les sables de Bracheux.

En 1849, la Société géologique de France se réunissait à Épernay pour examiner cette question intéressante. Elle visita Rilly, Berru, puis Châlons-sur-Vesles; mais la coupe (p. 70, fig. 2) donnée par Hébert pour la base de ce coteau est absolument fausse; au-dessus de la craie, comme nous avons pu le constater dans notre excursion, on rencontre le tufeau à *Ostrea eversa*, mais il n'y a ni sables blancs de Rilly ni marnes lacustres. Hébert invoque une énorme dénudation pour séparer les sables de Rilly des sables de Châlons-sur-Vesles. Par une image toute théorique (p. 714), qui ne se rapporte à aucun fait réel,

(1) *Bull. Soc. géol. France,* 2e série, t. VI, p. 679.

il établit la composition d'une série inférieure, formée par les sables blancs de Rilly et le calcaire lacustre qui les surmonte, série qui serait profondément dénudée, irrégulièrement arasée par une série marine plus récente constituée par les sables de Châlons. Hébert prend position formelle pour la succession suivante :

3. Lignites du Soissonnais.
Ravinement.
2. Sables marins de Bracheux et de Châlons.
Ravinement.
1. Sable blanc et calcaire de Rilly.

En 1850, répondant à quelques objections de d'Archiac, il est d'autant plus facile à Hébert d'en triompher que ses nouvelles études lui ont montré la véritable position *au-dessous* des Lignites des sables de Châlons, qu'il parallélise avec ceux de Bracheux, et qu'il peut établir l'ancienne erreur de d'Archiac, qui les plaçait au-dessus.

La question ne devait pas rester longtemps en repos; le 21 février 1853 (*Bull. Soc. géol.*, 2e série, t. X, p. 300), Prestwich communiquait une Note dans laquelle il assimilait les sables de Rilly à ceux de Châlons-sur-Vesles, annonçant la découverte qu'il avait faite de fossiles marins déterminables à la base des sables de Rilly, sur la route de Monchenot; il tente d'expliquer la coupe de Chenay, donnée par Hébert, en indiquant une confusion possible qu'il a pu faire entre les sables réels de Châlons et des sables blancs sans fossiles, qui règnent parfois à la base de l'étage des Lignites.

Cette note de Prestwich est excellente. Hébert y répondit en mai 1853 (t. X, p. 436), et tout en constatant l'exactitude de la coupe de Prestwich, afin de la concilier avec la sienne, il imagina entre les deux une dénudation ingénieuse (fig. 3), qui n'était appuyée sur aucun fait et qui lui permettait de mettre à la même altitude des couches identiques considérées par lui comme différentes. Prestwich ne répondit point, mais il s'éloigna des géologues français avec lesquels il avait été autrefois fort intime, et ce n'est qu'après plus de trente ans, peu avant la mort de Hébert, qu'un rapprochement courtois des deux professeurs put avoir lieu; Prestwich maintenait d'ailleurs, en Angleterre, sa manière de voir dans toutes ses publications, et notamment dans la Note importante qu'il donna sur la corrélation des couches de l'Éocène en Angleterre, en Belgique et dans le Nord de la France (1). Beaucoup plus tard, résumant de nouvelles observations, il a classé délibéré-

(1) *Proceedings of the Geolog. Society*. London, t. XI, p. 206.

ment le calcaire de Rilly comme formant la base des Lignites du Soissonnais (1).

En 1854, Hébert revendiquait comme appartenant aux sables et calcaire de Rilly les couches marneuses de la falaise de Sinceny que nous avons visitée, conclusion à laquelle nous agréons parfaitement; mais, comparant cette coupe à celle de Guiscard, dans laquelle il trouvait les sables de Bracheux, avec absence de sables blancs et de marnes noduleuses, il supposait entre les deux localités un très puissant ravinement conduisant à deux séries distinctes. S'il avait suivi la coupe de Sinceny jusqu'à la Fère, poursuivi le niveau de Guiscard dans la même direction, il aurait vu que les sables blanchâtres du bas de Sinceny étaient superposés au tufeau et représentaient bien à la fois les sables de Bracheux et ceux de Rilly; Graves combattit d'ailleurs ses conclusions (2).

Plus hébertiste qu'Hébert, Ch. d'Orbigny, en 1855, dans un grand tableau synoptique des couches tertiaires du bassin de Paris, place les sables et calcaire de Rilly au sommet du Crétacé, et oublie de mentionner les sables de Châlons-sur-Vesles, qu'il paraît considérer comme une simple dépendance des Lignites.

Cependant Hébert paraît avoir été mécontent lui-même de ses travaux sur Rilly; il revient souvent sur ce sujet pour en donner une démonstration surabondante comme pour se convaincre personnellement.

En 1862, il reconnaît que la craie est perforée par des lithodomes sous les sables à Rilly même (3), et qu'il se trouve quelques empreintes de coquilles marines dans les couches inférieures du sable blanc, comme l'avait avancé Prestwich; il arriva ainsi à la conclusion « qu'il faut recourir à une hypothèse plus compliquée qu'il n'avait supposé d'abord » ; il imagine alors « une dune découpée dans les terres laissant en arrière une plage ».

D'Archiac ne peut accepter un échafaudage aussi compliqué quand une solution simple est possible (4). Mais l'autorité du maître devient si grande, qu'elle envahit toute la science d'alors, et Deshayes, dans son travail sur les Animaux sans vertèbres, tout en reconnaissant les affinités de la faune de Jonchery avec celle de Rilly, n'osait en identifier les espèces, et il créait des noms nouveaux pour une longue série de formes communes aux sables de la vallée de la Vesles et aux calcaires

(1) *Quart. Journ. Geol. Soc.*, t. XLIV, p. 88.
(2) *Bull. Soc. géol. France,* 2e série, t. IX, p. 647.
(3) *Bull. Soc. géol. France,* 2e série, t. XIX, p. 552.
(4) *Paléontologie de la France,* in-4°, 1867, p. 239.

de Rilly. Nous donnerons à la fin de cette Note la liste de ces doubles emplois, avec les noms réels que chaque espèce doit porter ; ces noms sont imprimés en **caractères gras** pour les distinguer de ceux qui doivent passer en synonymie.

De Saporta, pour les végétaux de Sézanne qu'il décrivait, acceptait la classification de Hébert. Vézian faisait de même dans son *Prodrome de Géologie;* tous suivaient (1).

La *question de Rilly* reparut en 1871, à propos d'une communication faite par M. de Lapparent sur la classification de l'Éocène du Nord du bassin de Paris (2). En préparant les feuilles de la Carte géologique détaillée de la France, l'auteur avait constaté que les Lignites diminuent rapidement d'épaisseur au Nord de la ligne de l'Aisne et de la Vesles, et qu'on rencontrait latéralement dans les collines de Laon des sables blancs avec grès et poudingues. Il arrivait à conclure que, dans toute la région du Nord, on devait distinguer deux systèmes de couches à la base du Tertiaire : en bas, des sables très glauconifères avec argile (Glauconie de La Fère, à *Arctocyon*), au-dessus, des sables et grès blanc contenant au sommet des grès à Cyrènes, équivalent des Lignites ; ces deux systèmes étant séparés, à Monceau-les-Leups, par un profond ravinement accompagné d'un poudingue.

Or, à Châlons-sur-Vesles, les sables blancs reposent sur les sables glauconifères *à faune de Bracheux*, et comme, d'autre part, ceux-ci passent latéralement aux sables de Rilly, il est naturel d'en conclure que le « système de Rilly » est toujours intercalé entre la Glauconie inférieure et les Lignites.

Melleville intervient aux débats par une critique générale, dans laquelle il règne la plus déplorable confusion entre les divers niveaux graveleux de l'Éocène.

Hébert maintint résolument son opinion sur l'antériorité de Rilly à toutes les autres couches tertiaires.

M. Munier-Chalmas déclara très courageusement, au nom de la paléontologie, qu'il fallait considérer la faune du calcaire de Rilly comme correspondant à celle des sables supérieurs de Jonchery.

C'est pour répondre aux objections qui s'élevaient de toutes parts que Hébert prépara avec soin et publia en 1873 une Note qu'il voulait

(1) DE SAPORTA, *Prodrome d'une flore fossile des Travertins anciens de Sézanne* (MÉM. SOC. GÉOL. FRANCE, t. VIII, 1868). — VÉZIAN, *Prodrome de Géologie,* t. III, p. 668, 1865.

(2) *Bull. Soc. géol. France,* 2e série, t. XXIX, p. 82, 1871.

considérer comme définitive sur la question (1). Nous devons en reproduire le tableau final; nous numérotons seulement les assises de bas en haut pour en faire la critique et signaler leur vraie place. Tout le système inférieur, que nous imprimons en **caractères gras**, est fautif et disparaît; il se démembre et vient s'intercaler à diverses hauteurs dans le système supérieur, qui constitue pour la Science actuelle l'Éocène inférieur complet.

Tableau de concordance des couches de l'Éocène inférieur d'après Hébert (1873).

Couches.		Paris.	Belgique.	Angleterre.
Système supérieur.	12	Sables à *Nummulites planulata.*	Paniselien.	Sables inférieurs de Bagshot.
		Sables sans fossiles.	Ypresien supérieur.	
	11	Lacune.	Argile d'Ypres.	London Clay.
	10	Lacune.	?	Oldhaven beds.
	9	Argile plastique et Lignites du Soissonnais.	Landenien supérieur.	Woolwich beds.
	8	Sable de Bracheux.	Landenien inférieur.	Couches de Thanet.
		Dénudation.	Dénudation.	Dénudation.
Système inférieur.	7	**Marne de Dormans.**	**Marne marine heersienne.**	**Manque en Angleterre.**
	6	**Conglomérat de Meudon.**		
	5	**Calcaire de Rilly.**	**Sables heersiens supérieurs.**	
	4	**Marne strontianifère de Meudon.**		
	3	**Sables de Rilly.**	**Sables heersiens inférieurs.**	
	2	**Poudingues de Nemours.**	Lacune.	
	1	Lacune.	Calcaire de Mons.	
Terrain crétacé.				

Couche n° 1. — Il y a lieu de faire du Calcaire de Mons et d'une partie du Calcaire pisolithique un étage spécial, Paléocène, à la base du Tertiaire; nous n'avons pas à discuter cette question en ce moment.

Couche n° 2. — Le Poudingue de Nemours est réellement vers la base de l'argile

(1) Hébert, *Comparaison de l'Éocène inférieur de la Belgique et de l'Angleterre avec celui du Bassin de Paris* (Annales des sciences géologiques, t. IV, p. 4, 1873).

plastique; à Sézanne, il renferme les débris d'un calcaire à faune de Rilly; il est nécessaire de le mettre au niveau du poudingue de Cernay, du conglomérat de Meudon, c'est-à-dire à la base de la couche n° 9.

Couche n° 3. — Le sable de Rilly occupe la partie supérieure de la couche n° 8.

Couche n° 4. — On a reconnu que les marnes, *dites* strontianifères, de Meudon ne représentaient qu'un facies supérieur d'altération du calcaire pisolithique; c'est une assise à faire disparaître complètement.

Couche n° 5. — Le calcaire de Rilly occupe la partie culminante de la couche n° 8, au-dessus des sables sus-indiqués.

Couche n° 6. Le conglomérat de Meudon à *Gastornis*, *Unio*, *Paludina*, *Coryphodon*, *Lepidosteus*, etc., est au niveau du conglomérat de Cernay, à la base des lignites et forme la base de la couche n° 9.

Couche n° 7. — La marne de Dormans est au-dessus du conglomérat C'est une marne lacustre jusqu'ici sans fossiles à Dormans et qui occupe aussi la base de la couche n° 9.

Rien à dire des sables de Bracheux; nous en reparlerons plus loin; la Glauconie de La Fère, de Laon, qui forme leur base, prend en Belgique un grand développement, et c'est à la fois le système heersien et le Landenien inférieur. C'est le premier grand dépôt de transgression marine du Tertiaire éocène, c'est le Thanetien actuel.

En ce qui concerne les Lignites et l'Argile plastique, c'est un système de couches abondant et compliqué, le Sparnacien moderne, qui débute par un conglomérat continental et se termine par des sables entrecroisés, à faune marine.

La lacune 10 correspond à la partie supérieure de l'assise 9, aux sables de Sinceny et d'Oldhaven.

La lacune 11 correspond à la base de la couche 12 et le *London Clay* n'est qu'un facies de la base de l'Ypresien; je fais passer dans cet étage les sables et tufeau de Mont-Notre-Dame, signalés par M. Munier-Chalmas, qui en possèdent la faune, mais dont la stratigraphie n'a pas encore été décrite. Mais je n'attache pas à cette question une grande importance, parce que j'ai montré antérieurement que la faune marine de l'Ypresien était celle qui correspondait le mieux au Sparnacien.

M. Stanislas Meunier, dans sa *Géologie des environs de Paris* (1875, p. 120), soutenait les mêmes idées qu'Hébert et reproduisait ses notes; il a modifié depuis vraisemblablement son opinion.

C'est peu d'années après ces publications, en 1876, qu'ayant eu la curiosité de visiter Rilly, je découvris dans une nouvelle tranchée, sur la route de Villiers-Allerand, à la base des sables de Rilly, un grès ferrugineux fossilifère, passant au sable blanc à la partie supérieure, dont la faune était identique à celle de Châlons-sur-Vesles et Jonchery; plus haut, on reconnaît le poudingue de la base des Lignites renfermant des blocs peu roulés de calcaire lacustre fossilifère de Rilly (1). Hébert ressentit vivement la publication de cette note; il avait cru la question enterrée, elle renaissait évidente; il ne me pardonna jamais ce travail et continua son opposition jusqu'à sa mort, survenue en 1890. Cette situation était d'autant plus cruelle pour moi que je me considérais comme appartenant directement à son école, comme ayant appliqué sa méthode avec le plus grand soin, en cherchant la vérité par une stratigraphie de détail appuyée sur une paléontologie attentive. N'ai-je pas poursuivi avec succès l'étude des ondulations de la craie, qu'il avait entreprise. N'ai-je pas travaillé à l'assimilation des couches tertiaires de l'Angleterre et de la Belgique, qui l'intéressait particulièrement? N'ai-je pas repris le Cotentin, pour lequel il avait une prédilection marquée? Encore aujourd'hui, si les efforts que j'ai faits depuis trente ans pour perfectionner la géologie parisienne, dont j'ai renouvelé complètement certaines parties, comme la cartographie et la tectonique, n'ont pas porté tous leurs fruits, je pense que c'est par suite d'une prévention non justifiée de ses amis et de ses élèves à l'encontre de mes premiers travaux, ceux-ci ayant montré des erreurs dans lesquelles malheureusement il s'obstinait.

Il faut penser qu'en 1885, dans la 2e édition de ses *Éléments de Géologie,* M. Vélain donnait encore les sables et calcaire de Rilly comme un système indépendant inférieur aux sables de Bracheux.

Presque concurremment à mes études, deux géologues rémois, MM. Eck et Aumonier, publiaient une note sur la Montagne de Berru, dans laquelle ils étaient amenés à considérer les sables de Rilly comme occupant la partie supérieure des sables de Châlons-sur-Vesles. L'un d'eux rectifiait l'incertitude laissée dans leurs premiers travaux sur la position du conglomérat de Cernay-Berru (2).

Mais le Dr Lemoine restait incertain sous l'influence de la haute autorité de Hébert; jusqu'à sa mort, il n'a indiqué expressément la place ni de Rilly, ni du gisement des beaux fossiles qu'il exhumait. La note de MM. Eck et Aumonier est curieuse aussi : la partie descriptive est très vraie, exacte et toujours présente; les coupes sont les mêmes que celles que nous avons visitées; mais lorsqu'il leur fallut raccorder ces documents entre eux, ils n'ont pu réussir correctement. Ils sont partis de cette idée, vraie en elle-même, que la faune des vertébrés du conglo-

(1) *Notice sur la constitution géologique de la Montagne de Berru.* Reims, 68 pages, 1893, MÉMOIRE COURONNÉ.

(2) *Bull. Soc. géol. France,* 3e sér., t. V, p. 426, 1877.

mérat était très ancienne et forcément à la base du Tertiaire, et ils ont imaginé deux conglomérats, l'un à la base des sables de Châlons-sur-Vesles, l'autre à la base des Lignites; de là, une confusion inextricable, de perpétuelles hésitations, une série deux fois reprise et un total de couches d'une longueur démesurée.

Cette erreur, partie d'une appréciation purement paléontologique, rejaillissait sur la Paléontologie descriptive, et Lemoine décrivait à nouveau un grand oiseau sous le nom de *Gastornis Edwardsii*, qui n'était autre que le *Gastornis parisiensis* de Hébert du conglomérat de Meudon et qu'il croyait différent, parce qu'il le pensait d'une couche bien plus ancienne. Aucun caractère spécifique réel ne sépare ces deux animaux, et vraisemblablement d'autres animaux des mêmes assises seront encore à réunir. Ils n'avaient réfléchi ni les uns ni les autres que les débris osseux d'un conglomérat ne datent pas forcément la couche dans laquelle on les rencontre, qu'ils peuvent être beaucoup plus anciens. Le conglomérat de Meudon renferme de nombreux débris du calcaire pisolithique; celui de Cernay, des morceaux du calcaire de Rilly fossilifère; il peut renfermer l'*Arctocyon* du tufeau de La Fère, qui est d'un âge plus ancien, sans qu'il soit nécessairement du même âge (1).

C'est la même idée qui a fait placer en 1900, par M. de Lapparent, dans son *Traité de Géologie*, 4e édition (p. 1420), le conglomérat de Cernay comme Thanetien, tandis que nous avons vu qu'il fallait en faire la base stratigraphique certaine du Sparnacien.

Quant à la faune d'Ay, — faune Agéeienne de Lemoine, — elle est très peu au-dessus, bien qu'elle renferme des éléments sensiblement plus récents. Ce qui a pu troubler encore les observateurs, c'est que le conglomérat de base du Sparnacien présente un aspect assez différent suivant les localités où on l'étudie : il est sableux et graveleux dans les points où il ravine les sables de Bracheux; il est calcarifère lorsqu'il attaque le calcaire de Rilly; il est argileux et même ligniteux dans les points bas et jusque sur la craie; c'est parfois, enfin, une simple couche d'argile intercalée entre les marnes calcarifères à faune de Rilly et la marne de Dormans qui, elle, est reliée à celle du Mont-Bernon et aux vrais Lignites.

D'un autre côté, il est impossible de séparer le calcaire de Rilly des

(1) Ces considérations ont une portée plus étendue qu'on ne croirait au premier abord : ainsi, dans le gisement de Vertain, près Solesmes (Nord), M. Malaquin a rencontré certainement, sous le nº 5, une couche représentant le conglomérat de Cernay; les couches 2, 3, 4 sont thanetiennes. (*Ann. Soc. géol. du Nord*, XXVIII, p. 258, 1900.)

sables qui lui sont inférieurs, pour le rapprocher des Lignites, comme Lemoine en a été tenté; la stratigraphie comme la paléontologie s'y opposent. Une grande dénudation sépare le calcaire de Rilly de la série des Lignites, la faune du calcaire de Rilly est tout à fait celle de Jonchery et de Châlons-sur-Vesles; elle n'a, au contraire, que des affinités éloignées avec la faune des Lignites. Même, si nous comparons la faune continentale de Rilly avec celle des marnes calcaires insérées dans les Lignites, au Mont-Bernon et à Grauves, fort voisine comme milieu et comme nature, nous trouvons des différences capitales, des séries d'espèces représentatives parallèles qui en maintiennent la séparation.

La note de M. L. Carez (1) est une des dernières publications de cette polémique. Il revit à Villers-Allerand la couche inférieure, ferrugineuse, que j'avais indiquée, mais il en déclare les coquilles indéterminables; et, comparant d'autres coupes, il arrive à conclure que le calcaire de Rilly est synchronique des sables de Châlons-sur-Vesles : autrement dit, que les sables de Bracheux sont contemporains de toute la série entre la craie et les Lignites, puis il sépare à tort des Lignites le conglomérat et la marne de Dormans, pour les grouper avec le calcaire de Rilly.

Dans un opuscule intéressant, publié par le Dr Lemoine et quelques géologues réunis à propos du Congrès de l'Association française, tenu à Reims en 1880 (2), nous trouvons la place des sables de Rilly parfaitement indiquée : « ces sables, si renommés par leur pureté et leur » finesse, nous semblent devoir être rapportés à la partie supérieure des » sables de Châlons-sur-Vesles » (page 20). On les considérait comme complètement privés de restes organiques ; l'auteur a pu cependant y découvrir « des fragments considérables de Lepidoste, de Simœdosaure, des pièces costales de *Trionyx* et enfin un tibia de *Gastornis* ».

La cause était entendue pour tous les esprits non prévenus, et la Société géologique de France, dans son excursion de la réunion extraordinaire du 22 août 1889, constatait à Rilly la parfaite exactitude de ma coupe; les études se portèrent alors d'une manière plus générale sur la subdivision des Sables inférieurs (3). C'est qu'en effet

(1) *Bull. Soc. géol. France*, 3e sér., t. VI, p. 199.

(2) AFAS. — VIIIe Session. Congrès de Reims (1880) — Dr LEMOINE et AUMONIER, *Terrain tertiaire des environs de Reims*, et PERON, *Sur une coupe de la Montagne de Reims, au-dessus du Tunnel de Rilly* — *Ibid.*, p. 620.

(3) GOSSELET, *Relations entre les sables de l'Éocène inférieur*. (BULL. COLLABOR. CARTE GÉOL., n° 8, 1890.)

la disposition géographique des affleurements des sables tertiaires inférieurs a pu contribuer à obscurcir la question. Quand on vient du Nord, les couches qu'on observe de La Fère à Laon offrent la succession suivante :

B. Au sommet, des sables et grès blancs.
A. A la base, un tufeau glauconifère.

Puis les affleurements se divisent en deux bandes, l'une qui descend à l'Ouest dans la région de l'Oise vers Beauvais, l'autre qui se dirige à l'Est vers Reims, Rilly et la vallée de la Marne. La formation plonge à grande profondeur entre ces deux aires d'affleurements, et elle n'est connue dans leur intervalle que par quelques forages obscurs; sa limite même vers le Sud reste mal tracée, elle ne paraît pas atteindre Montmirail, Meaux, etc.; un forage profond à Crépy-en-Valois a rencontré une vingtaine de mètres de sables blancs entre l'argile plastique et la craie; mais bien avant les abords de Paris, ces sables n'existent plus. Toutes les assimilations qu'on a faites avec des couches plus au Sud sont dénuées de preuves.

Dans la vallée de l'Oise, les sables inférieurs ressortent au jour près de Précy, à la faveur de l'accident du Bray, et nous présentent, à Coye, un beau facies littoral avec poudingue, qui marque bien la limite de leur extension; ils s'enfuient ensuite dans l'Ouest, vers Gisors, La Haye-en-Lyons, Rouen, Fécamp.

C'est dans la région de l'Oise qu'on les a le mieux étudiés, et c'est là, au village de Bracheux, près de Beauvais, que M. Hébert y a choisi son type.

Graves, en 1849, désigne l'étage sous le nom de : *Sables, grès et poudingues glauconieux;* il en donne la coupe suivante de haut en bas (1) :

F. Plusieurs lits d'*Ostrea Bellovacensis.*
E. Lit de coquilles très écrasées et calcaire blanc friable.
D. Sable argilo-quartzeux à coquilles très abondantes. *Venericardia pectuncularis, Cucullæ crassatina,* etc.
C. Sable fin gris, blanchâtre, chlorité.
B. Lit de coquilles écrasées (ravinement).
A. Sable chlorité avec galets à la base.

Plus récemment, M. de Mercey (2), profitant des travaux de construc-

(1) *Topographie géognostique du département de l'Oise,* p. 175.
(2) *Bull. Soc. géol. France,* 3e sér., t. VIII, p 19 (1880).

tion du chemin de fer de Compiègne (Oise) à Roye (Somme), a eu l'occasion de donner la coupe générale suivante des sables de Bracheux :

5. Calcaire de Mortemer à *Paludina* et à *Chara*.
4. Marne de Marquéglise et lit à *Ostrea Bellovacensis*.
3. Sables gris ou jaunes, coquilliers, avec *Venericardia pectuncularis*, etc. (Faune de Bracheux propre ; ravinement.)
2. Grès de Gannes. Sables et grès blancs ou d'un vert jaune; quelques coquilles.
1. Glauconie de La Fère, sables glauconifères avec silex verdis à la base.

Le tufeau de La Fère manquerait à Beauvais; il ne s'étendrait pas bien loin au Sud. La couche *A* de la coupe de Graves correspond au « grès de Gannes » de M. de Mercey.

Les couches *C* et *D* sont les sables propres de Bracheux, les horizons *E* et *F* sont au niveau des couches de Marquéglise. Il faut noter que la faune du tufeau est quelque peu différente de celle typique de Bracheux, qui se trouve par le fait un peu plus récente.

Si nous nous transportons maintenant dans l'Est du bassin, voici la coupe générale, d'après Lemoine, Gosselet et mes propres observations :

5. Marne grumeleuse et calcaire de Rilly, à faune terrestre et lacustre : *Physa gigantea*.
4. Sables blancs purs, parfois gris ou violacés.
3. Sables blancs ou jaunâtres, très fossilifères, puissants; même faune que celle des calcaires de Rilly, et renfermant en plus une faune marine, très abondante, de petites espèces généralement fort fragiles. Jonchery, Châlons-sur-Vesles, etc.
2. Sables et grès à végétaux. Brimont, etc.
1. Sables glauconifères, sables argileux, grès, tufeau avec *Ostrea eversa*. Teredo, etc.

Cette couche 1 paraît manquer à Rilly : c'est le tufeau de La Fère; il en est de même pour le n° 2, qui est probablement le grès de Gannes. La masse des sables fossilifères 3 et 4 de Châlons-sur-Vesles correspond donc exactement à la partie propre des sables de Bracheux. Enfin, le n° 5 est au niveau des couches de Marquéglise et de Mortemer.

Le différence qu'on observe entre la faune de Jonchery et celle de Beauvais, et qui porte principalement sur les grosses espèces, serait due à la position des gisements, plus littorale à Jonchery et plus profonde à Bracheux.

L'étage de Bracheux, ou mieux l'étage Thanetien, nous apparaît donc comme constitué, à la base, par une vaste et soudaine incursion marine, qui prend son maximum d'extension à la partie moyenne, puis qui, par régression, cède la place à des sables de dunes et à des formations lacustres. En Angleterre, on sait que dans l'île de Thanet, la série est constituée de la même manière ; ce sont des sables très glauconifères à la base, avec tufeau et, plus haut, des sables variés et blanchâtres qui rappellent ceux de Bracheux propres. Le type du Thanetien est donc bien choisi et représente exactement les mêmes couches, avec la même faune, en Angleterre et en France. Pour la Belgique, le Heersien et le Landenien inférieur correspondent à notre tufeau de La Fère, et à une grande partie de nos sables blancs. Au Nord, le Landenien inférieur correspond pour la plus grande partie, comme l'a montré M. Gosselet, aux sables de Châlons-sur-Vesles et de Bracheux propres.

Cet étage Thanetien, dans la géologie générale, forme ainsi un point de repère précieux sur lequel l'accord a pu s'établir après cinquante années de péripéties que nous avons rappelées. La moindre vérité n'est-elle pas le fruit du plus pénible labeur?

Identités entre les faunes :

de Rilly		et de Châlons-sur-Vesles.
Pisidium Denainvilliersi (*Cyclas*) Boissy incl. *P. nucleus* Boissy (*Cyclas*).	=	*Pisidium cardiolum* Desh.
Sphærium rillyense Boissy *sp.* (*Cyclas*).	=	*Sphærium Mausseneti* Laub. *in* Coss.
Vitrina rillyense Boissy.		Jonchery, coll. Laubrière.
Helix (*Achatinula*) **Dumasi** Boissy incl. *H. Geslini*, id.		Chenay, coll. Laubrière.
Helix (*Grandipatula*) **hemispherica** Mich. 1837.	=	*Helix Rigaulti* Desh.
	=	— *discepta* —
Helix (*Videna*) **luna** Mich.	=	— *fallax* Mell.
Glandina Terveri Boissy *sp.* (*Achatina*).	=	*Achatina fragilis* Desh.
Leuconia remiensis Boissy *sp.* (*Auricula*).		Chenay, coll. Laubrière.
Rillyia rillyensis Boissy *sp.* (*Pupa*).		Jonchery, Chenay, etc.
Rillyia columnaris Mich. *sp.* (*Pupa*).		Jonchery, coll. Lemoine.
Pupa oviformis Michaud.	=	*Pupa Platani* Coss. (Chenay), 4e fasc., pl. XI, fig. 34.
Carychium Michelini Boissy *sp.* (*Auricula*).		Châlons-sur-Vesles, ma coll.
Carychium (*Carychiopsis*) **alternans** Desh. (*Pupa*).	=	*Pupa Dhorni* Desh.
Megaspira exarata Mich. *sp.* (*Pyramidella*).	=	*Megaspira elongata* Mell. (*Pupa*).

Leptopoma heliciniæformis Boissy (*Cyclostoma*). = *Cyclostoma Dutemplei* Desh.
Craspedopoma conoidea Boissy (*Cyclostoma*). = — *insuetum* Desh.
Megalomastoma Arnouldi Mich (*Cyclostoma*). = *Bulimus mirus* Desh.
Clausilia Edmondi Boissy. Châlons-sur-Vesles, coll. Cossmann.
Clausilia contorta Boissy. = *Clausilia Joncheryensis* Desh.?
Clausilia sinuata Mich. (*Pupa*). Jonchery Desh.
Paludina aspersa Mich. = *Paludina proavia* Desh.
Physa gigantea Mich (*Physa pseudo-gigantea* Sandb.) = *Physa primigenia* Desh.
Ancylus Matheroni Boissy. = *Ancylus arenarius* Coss.
Valvata Leopoldi Boissy. = *Planorbis precursor* Coss. Châlons-sur-Vesles.

Espèces de Rilly qui n'ont pas encore été signalées dans les sables de Châlons-sur-Vesles.

Limnea Baylei Bayan.
Planorbis Rillyensis Bayan (*P. Boissyi* Desh. *non* Pot. et Mich.).
Helix Droueti Boissy.
Isthmia palangula, *I. Archiaci* Boissy.
Bulimus Michaudi Boissy. (Exempl. Juv.?)
Columna Rillyensis Boissy (*Achatina*) { *A. columnella* Desh. / *A. divesia* Desh. }
— *cuspidata* Boissy, var. *dextre* et *senestre*.
— *similis* Boissy, var. *dextre* et *senestre*.
Carychium Michaudi Boissy (*Auricula*).
Physa parvissima Boissy.
Bithinia Nysti Boissy (*Paludina*).
Sphærium Verneulii Boissy *sp.* (*Cyclas*).
— *Boissyi* Desh.
? — *unguiformis* Boissy *sp.* (*Cyclas*).

TABLEAU GÉNÉRAL DES COUCHES DE L'ÉOCÈNE INFÉRIEUR DANS LE BASSIN DE PARIS,

par M. G. DOLLFUS (1902).

CLASSIFICATION.	RÉGION OUEST OU DE L'OISE.	RÉGION CENTRALE NORD. LAONNOIS.	RÉGION EST. MONTAGNE DE REIMS.	RÉGION SUD. VALLÉES DE LA MARNE ET DE LA SEINE.
Ypresien. (Sables de Cuise, Argile de Londres.)	Sables d'Hércuval?	Argile de Laon (Paniselien). Grès de Belleu.	Sables de Craonne.	?
	Sables de Pierrefonds, à *Turritella Solanderi.*	Sables de Visigneux, à Turritelles.	Sables d'Ay à Unio. Sables de Brasles et Gland.	Sables et grès à Térédines.
	Sables de Cuise-la-Motte, à *Nummulites planulata.*	Sables de Mercin, à Nummulites.	Sables de Sapicourt à Velates.	Manque.
	Sables à *Ostrea rarilamella.*	Sables d'Aizy-Jouy.	Sable et Tufeau de Mont-Saint-Martin, analogues au *London Clay.*	Id.
Sparnacien. (Lignites du Soissonnais.)	Couche à *Ostrea Bellovacensis* Argile de Sarron.	Sables de Sinceny.	Sables de Pourcy.	Sables et poudingue de St-Saens (Seine-Inférieure).
	Lignites de Muirancourt.	Lignites de Chaillevois et Vauxbuin.	Lignites de Rilly, Épernay.	Fausses glaises d'Auteuil.
	Conglomérat à Coryphodon.	Poudingue et grès de Versigny et Monceau-les-Leups.	Marne de Dormans. Conglomérat de Cernay.	Argile plastique de Vaugirard, Sables granitiques du Breuillet, Poudingues de Nemours.
Thanetien. (Sables de Bracheux.)	Calcaire de Mortemer et Sinceny. Marne de Marquéglise.	Grès de Laniscourt.	Calcaire de Rilly.	Calcaire de Sézanne.
	Sables de Bracheux (type).	Sables blancs de Laon.	Sables de Rilly et Châlons-sur-Vesles.	Manque.
	Grès de Gannes. Tufeau de La Fère, à *Cyprina Morrisi.*	Argile glauconifère de Laon. Tufeau de Laon, à *Cyprina scutellaria.*	Grès de Brimont à végétaux. Tufeau à *Ostrea eversa.*	Id.

TABLE DES MATIÈRES

CARTE ITINÉRAIRE
de l'Excursion de la société Belge de Géologie
au Nord du Bassin de Paris
du 8 au 14 Août 1901
Chemin parcouru.
(Les trajets en Chemin de fer ne sont pas indiqués.)
Chemins de fer.
Terrains observés.
D Diluvium
6 Sables moyens.
5 Calcaire grossier.
4 Sables de Cuise.
3 Lignites du Soissonnais.
2 Sables de Bracheux.
1 Craie sénonienne.
Echelle de 1/200000e

EXTRAITS DES STATUTS (revisés en février 1[illegible])

ARTICLE 1er. — La Société prend le titre de : **SOCIÉTÉ BELGE DE GÉOLOGIE DE [illegible]LOGIE ET D'HYDROLOGIE.**

ART. 2. — Elle a pour but de concourir aux progrès de la géologie et de toutes les sciences q[illegible] rattachent, en y comprenant notamment la stratigraphie, la paléontologie, l'étude des roches et [illegible] minéraux, l'hydrologie, la géographie physique, ainsi que l'étude des phénomènes de la nature qui interviennent dans la formation des dépôts, dans la distribution des êtres, etc.

Elle cherchera à contribuer en particulier à la connaissance du sol de la Belgique et de celui des régions, telles que le Congo, pouvant le plus intéresser ses nationaux; elle s'efforcera de mettre en lumière leurs richesses minérales et de décrire leurs fossiles.

Elle a encore en vue de propager le goût des recherches scientifiques dont elle s'occupe et de faire apprécier *leur utilité pratique*.

ART. 73. — La Société publie un recueil périodique, de format gr. in-8°, sous le titre : *Bulletin de la Société belge de géologie, de paléontologie et d'hydrologie*.

ART. 74. — Ce recueil comprend, outre les *Mémoires*, les *Procès-Verbaux des séances*, un recueil de *Traductions, Reproductions* et *Travaux divers*, des *Annexes* diverses aux Procès-Verbaux, des *Nouvelles* et *Informations diverses* (imprimées en petit texte).

Les Procès-verbaux paraissent en fascicules au nombre de quatre à six annuellement; ils contiennent les comptes rendus des séances de géologie pure et de géologie appliquée, ainsi que les communications de peu d'étendue lues en séances et acceptées pour l'insertion.

ART. 75. — Les *Mémoires* sont réservés aux travaux originaux d'une certaine étendue et surtout à ceux réclamant des planches et des figures hors texte. Ils paraissent soit avec les procès-verbaux en volumes annuels, soit en fascicules, trimestriels autant que possible, comprenant un certain nombre de feuilles d'impression et englobant des feuilles de procès-verbaux.

ART. 78. — Le *Bulletin de la Société belge de géologie, de paléontologie et d'hydrologie*, est distribué aux membres conformément aux dispositions statutaires. Les personnes étrangères à la Société peuvent s'abonner soit aux *Procès-Verbaux* ou aux *Mémoires*, soit au *Bulletin* complet, à des conditions à déterminer par le Conseil.

ART. 81. — Pour être insérée dans les *Mémoires*, toute communication doit être exposée, résumée ou lue en séance...

ART. 82. — Pour être insérée dans les Procès-Verbaux des séances, toute communication doit avoir été présentée en séance et ne point dépasser deux feuilles d'impression. L'assemblée se prononce, soit sur l'insertion *in extenso*, soit sur celle d'un résumé qui pourra être fait par l'un des Secrétaires d'après le manuscrit de l'auteur, si celui-ci ne peut s'en charger.

ART. 85. — Tout membre a le droit de demander l'insertion dans les Procès-Verbaux ou dans la Correspondance, sous sa signature ou avec ses initiales, d'articles, extraits ou analyses qui pourront être soumis préalablement à l'approbation du Comité de publication par la voie du Secrétaire général, auquel seront envoyées ces communications dans les délais fixés par un règlement spécial.

ART. 87. — Les manuscrits présentés et acceptés deviennent la propriété de la Société.

ART. 88. — *La Société, en décidant l'impression d'un travail, laisse à l'auteur toute la responsabilité de ses opinions.*

ART. 89. — Aucun nom d'espèce nouvelle fossile ne pourra être proposé dans les publications de la Société, s'il n'est accompagné d'une figure ou d'une description caractérisant convenablement l'espèce.

ART. 92. — Les épreuves des mémoires et des communications seront revues et corrigées par les auteurs, qui, selon qu'ils habitent la Belgique ou l'étranger, sont tenus de les renvoyer endéans les cinq ou huit jours au Secrétaire général. Ces délais écoulés, le Secrétaire est autorisé à passer outre et à donner le bon à tirer.

ART. 93. — Les frais de *remaniements extraordinaires*, c'est-à-dire non compris dans la *moyenne* admise dans le contrat avec l'imprimeur et dont les frais sont englobés dans le prix réglementaire de la feuille d'impression, sont *exclusivement à la charge des auteurs*.

Ceux-ci, dans leur propre intérêt, sont donc invités à fournir des manuscrits non sujets à remaniements, ni à des corrections nombreuses et successives.

ART. 94. — Les auteurs ne peuvent réclamer plus de deux épreuves en placards ni plus d'une épreuve de mise en page.

ART. 95. — Les auteurs de travaux et d'articles insérés, soit dans les Mémoires, soit dans les Procès-Verbaux des Bulletins, ont droit gratuitement à *cinquante* tirés à part conformes aux prescriptions réglementaires.

ART. 96. — Outre les exemplaires qui leur sont délivrés gratuitement, tous les membres de la Société ont le droit d'obtenir des tirés à part de leurs travaux, en nombre illimité, d'après un tarif aussi réduit que possible, arrêté par le Conseil.

ART. 98. — Les auteurs sont astreints à payer directement aux fournisseurs, d'après le barème réglementaire, le prix des tirés à part qu'ils auront demandés au Secrétaire.

www.ingramcontent.com/pod-product-compliance
Ingram Content Group UK Ltd.
Pitfield, Milton Keynes, MK11 3LW, UK
UKHW020205200726
13856UKWH00003B/1207

9 782011 316950